〔다래〕
*Actinidia arguta*

〔가래나무〕
*Juglans mandshurica*

〔진달래〕
*Rhododendron mucronulatum*

286종 수목의 꽃·잎·열매·수피·겨울눈·수형 수록

핸드북 # 나무도감

이광만 · 소경자 지음

〔청미래덩굴〕
*Smilax china*

〔꽝꽝나무〕
*Ilex crenata*

〔말오줌때〕
*Euscaphis japonica*

〔보리장나무〕
*Elaeagnus glabra*

〔수국〕
*Hydrangea macrophylla*

〔가시나무〕
*Quercus myrsinaefolia*

 나무와문화 연구소

핸드북 **나무도감**

●

**1쇄발행** · 2020년 1월 20일
**2쇄발행** · 2024년 3월 12일
**지은이** · 이광만, 소경자
**발　행** · 이광만
**출　판** · 나무와문화 연구소

●

**등　록** · 제2010-000034호
**카　페** · cafe.naver.com/namuro
**e-mail** · visiongm@naver.com
**ISBN** · 979-11-964254-2-5　06480

**정　가** · 28,000원

**국립중앙도서관 출판시도서목록(CIP)**

이 도서의 국립중앙도서관 출판예정도서목록(CIP)은 서지정보유통지원시스템 홈페
이지(http://seoji.nl.go.kr)와 국가자료종합목록 구축시스템(http://kolis-net.nl.go.kr)
에서 이용하실 수 있습니다.
(CIP제어번호 : CIP2019049705)

# 머 리 말

대학에서 배운 전공을 멀리하고, 나무의 세계에 입문한지 벌써 15년이라는 세월이 흘렀습니다. 그 사이에 나무를 키워보기도 하고, 나무에 관한 책도 쓰고, 나무와 관련된 강의도 하였습니다. 그래서 자만심이 생겨서인지, 이제 나무라 하면 "이런 것이다" 하고 주위 사람들에게 용감하게 말하고 다니기도 했습니다. 물론 그때의 행동을 생각하면 낯이 뜨거워집니다. 이제 말하지만, 이처럼 저에게 부끄러움을 알게 해준 것이 노거수입니다.

노거수는 사람과 함께 오랜 세월을 살아왔기 때문에 사람과 닮은 점이 참 많습니다. 그래서 나이가 많은 노거수 곁에 가면 마음이 편안해집니다. 또 노거수에게 무언의 이야기를 듣기도 하고, 인생에 대해 배우기도 합니다. 우리가 나무와 가까워지면 가까워질수록, 나무에게서 더 많은 것을 배우고 더 많은 평안함을 얻을 수 있습니다.

우리나라는 사계절이 뚜렷하기 때문에, 계절마다 자연의 모습이 다채롭게 변화합니다. 마찬가지로 나무도 꽃을 피우는 때가 있고, 열매를 맺는 때가 있으며, 단풍 들고 낙엽이 지는 계절이 있습니다. 이처럼 다양하게 변화하는 나무를 산이나 들에서 만나면, 그 이름을 알기가 어려운 경우가 많습니다. 특히 꽃도 잎도 열매도 없는 겨울철에는 앙상한 나무만 보고 무슨 나무인지 알기란 더 어렵습니다. 그래서 이럴 때에 간편하게 꺼내 볼 수 있는 책을 써보고 싶다고, 오래 전부터 생각해왔습니다.

이 책은 286종의 나무를 낙엽교목, 상록교목, 낙엽소교목, 상록소교목, 낙엽관목, 상록관목, 낙엽덩굴나무, 상록덩굴나무 등 8개의 카테고리로 나누었습니다. 이는 식물학적인 분류는 아니지만, 이 책을 보고 쉽게 나무를 공부하는데 도움이 되리라 생각하여 나름대로 분류한 것입니다. 그리고 각 수종마다 수형을 비롯하여 잎, 꽃, 열매, 겨울눈, 수피, 수형 사진을 넣어서 나무의 모든 모습을 보여주기 위해 노력하였습니다. 또, 각 사진마다 특징을 나타내는 아이콘을 달아 나무의 각 요소에 대한 이해도를 높였습니다.

그리고 책의 크기를 핸드북 사이즈로 만들어서, 야외에 갈 때도 간편하게 가지고 가서 나무공부를 하는데 도움을 주고자 하였습니다. 이제 이 책을 들고 야외로 나가서, 나무와 친하게 지낼 수 있는 기회가 더 많아졌으면 하는 바람입니다.

**2020년 1월  이광만 · 소경자**

# 저 ᵢ 자 ᵢ 소 ᵢ 개

### 이 광 만 _나무와문화 연구소 소장

경북대학교 전자공학과에서 학사 및 석사학위를 받았다. 그 후 20년 동안 이와 관련된 분야에서 근무하다가 2005년 조경수 재배를 시작하여, 대구 근교에서 조경수 농장을 운영하고 있다. 2012년 경북대학교 조경학과에서 석사학위를 받았으며, 현재 조경 관련 일과 나무와 관련된 책 집필 및 '나무 스토리텔링' 강연활동을 하고 있다. 숲해설가, 산림치유지도사, 문화재수리기술자(조경).

저서로는 ≪나무 스토리텔링≫, ≪성경 속 나무 스토리텔링≫, ≪그리스신화 속 꽃 스토리텔링≫, ≪한국의 조경수(1), (2)≫, ≪나뭇잎 도감≫, ≪겨울눈 도감≫, ≪그림으로 보는 식물용어사전≫, ≪우리나라 조경수 이야기≫, ≪나무에 피는 꽃도감≫, ≪약선 · 식재료 사전≫ 등이 있다.

### 소 경 자 _나무와문화 연구소 부소장

경북대학교 화학과에서 학사 및 석사학위를 받았다. 그 후 오랫동안 교사로 근무하였으며, 지금은 숲해설가 및 식물의 원예활동을 통한 인간의 신체와 정신의 치유를 도모하는 원예치료복지사로 활동하고 있다. 〈나무와 문화 연구소〉에서 원예치료 및 산림분야를 연구하고 있다. 시인, 숲해설가, 원예치료복지사.

저서로는 ≪성경 속 나무 스토리텔링≫, ≪그리스신화 속 꽃 스토리텔링≫, ≪한국의 조경수(1) (2)≫, ≪나뭇잎 도감≫, ≪겨울눈 도감≫, ≪그림으로 보는 식물용어사전≫, ≪우리나라 조경수 이야기≫, ≪전원주택 정원 만들기≫ 등이 있다.

# 카 ᵢ 페 ᵢ 소 ᵢ 개

**나무와문화 연구소** _cafe.naver.com/namuro

조경수, 정원, 식물도감 등 조경에 대한 종합적인 정보를 제공하는 사이트로, 이 책의 각 페이지에 표시된 QR코드는 카페의 상세 정보와 링크되어 있다.

**나무와문화 연구소**

# 책의 구성

잎 사진 / QR 코드 / 나무의 명칭 / 학명 / 분류 / 수형 / 나무의 분류

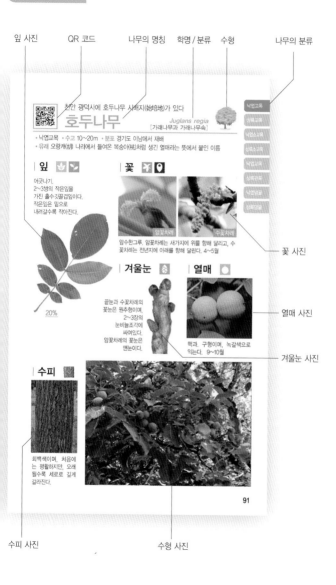

천안 광덕사에 호두나무 시배지(始培地)가 있다

## 호두나무
*Juglans regia*
[가래나무과 가래나무속]

• 낙엽교목 • 수고 10~20m • 분포 경기도 이남에서 재배
• 유래 오랑캐(胡) 나라에서 들여온 복숭아(桃)처럼 생긴 열매라는 뜻에서 붙인 이름

낙엽교목
상록교목
낙엽소교목
상록소교목
낙엽관목
상록관목
낙엽덩굴
상록덩굴

### 잎

어긋나기.
2~3쌍의 작은잎을
가진 홀수깃꼴겹잎이다.
작은잎은 밑으로
내려갈수록 작아진다.

20%

### 꽃

암수한그루. 암꽃차례는 새가지에 위를 향해 달리고, 수
꽃차례는 전년지에 아래를 향해 달린다. 4~5월

암꽃차례
수꽃차례

### 겨울눈

끝눈과 수꽃차례의
꽃눈은 원추형이며,
2~3장의
눈비늘조각에
싸여있다.
암꽃차례의 꽃눈은
맨눈이다.

### 열매

핵과. 구형이며, 녹갈색으로
익는다. 9~10월

### 수피

회백색이며, 처음에
는 평활하지만, 오래
될수록 세로로 깊게
갈라진다.

91

잎 사진
QR 코드
나무의 명칭
학명 / 분류
수형
나무의 분류
꽃 사진
열매 사진
겨울눈 사진
수피 사진
수형 사진

## 아이콘 설명

### 1 수형

| 아이콘 | 수형 | 아이콘 | 수형 | 아이콘 | 수형 |
|---|---|---|---|---|---|
| | 원추형 | | 수양형 | | 주립형 |
| | 우산형 | | 구형 | | 포복형 |
| | 달걀형 | | 배상형 | | 덩굴형 |
| | 타원형 | | 부정형 | | |

### 2 잎

| 아이콘 | 잎 모양 | 아이콘 | 나는 방법 |
|---|---|---|---|
| | 둥근잎 톱니 | | 어긋나기 |
| | 둥근잎 전연 | | 마주나기 |
| | 갈래잎 | | 돌려나기 |
| | 손모양 겹잎 | | 모여나기 |
| | 깃모양 겹잎 | | |
| | 바늘잎 | | |
| | 비늘잎 | | |

## ❸ 꽃

| 아이콘 | 꽃 모양 | 아이콘 | 붙는 방법 |
|---|---|---|---|
| | 꽃잎이 여러 장인 꽃 | | 가지 끝에 하나의 꽃이 피는 것 |
| | 깔때기 모양의 꽃 | | 꽃줄기에 여러 개의 꽃이 피는 것 |
| | 종 모양의 꽃 | | 꽃자루 끝에 꽃이 모여서 피는 것 |
| | 나비 모양의 꽃 | | 작은꽃이 아래로 드리워 피는 것 |
| | 긴 통 모양의 꽃 | | 기타 |
| | 꽃잎이 없는 꽃 | | |
| | 기타 | | |

## ❹ 열매

| 아이콘 | 열매 모양 | 아이콘 | 열매 모양 |
|---|---|---|---|
| | 구형 또는 타원형이며, 익어도 벌어지지 않는 열매 | | 익으면 열매껍질의 3곳 이상이 갈라지는 열매 |
| | 작은 열매가 여러 개 모여 있는 열매 | | 침엽수에서 보이는 솔방울 모양의 열매 |
| | 콩과 식물 특유의 콩꼬투리 모양의 열매 | | 참나무과 나무에서 보이는 도토리 모양의 열매 |
| | 주머니 모양이며, 열매껍질의 1곳이 갈라지는 것 | | 기타 |
| | 단풍나무에서 흔하게 보이는 새 날개 모양의 열매 | | |

## ❺ 수피

| 아이콘 | 수피의 모양 | 아이콘 | 수피의 모양 |
|---|---|---|---|
| | 평활 | | 껍질눈 |
| | 그물망 | | 얼룩무늬 |
| | 세로줄 | | 길게 벗겨짐 |
| | 갈라짐 | | 기타 |

## ❻ 겨울눈

| 아이콘 | 성상-겨울눈 | 아이콘 | 성상-겨울눈 |
|---|---|---|---|
| | 낙엽수-비늘눈 | | 상록수-비늘눈 |
| | 낙엽수-맨눈 | | 상록수-맨눈 |
| | 낙엽수-숨은눈 | | 상록수-숨은눈 |

# Chapter 01

# 낙엽교목

성장하면 수고가 8m이상이고 주간과
가지의 구별이 비교적 뚜렷하며,
겨울에 일제히 잎을 떨어뜨리는 나무

우리나라에 자생하는 호두나무의 조상

# 가래나무

*Juglans mandshurica*
[가래나무과 가래나무속]

• 낙엽교목 • 수고 15~20m • 분포 경북(팔공산, 주왕산) 이북의 산지 계곡가
• 유래 둘로 갈라진 씨가 농기구로 쓰이는 가래와 비슷하게 생겨서 붙여진 이름

## | 잎

어긋나기.
작은잎이 5~9쌍인 홀수깃꼴겹잎.
작은잎은 밑으로 갈수록 작아진다.

20%

## | 꽃

암꽃차례

수꽃차례

암수한그루. 수꽃차례는 긴 원주형이며, 암꽃차례는 새가지 끝에서 위로 직립한다. 5월

## | 열매

견과. 달걀형 또는 타원형이고, 호두와 비슷하지만 약간 길고 좀 갸름하다. 9~10월

## | 겨울눈

맨눈이며, 원추형이고 갈색의 짧은 털이 밀생한다.

## | 수피

짙은 회색이며, 세로로 갈라진다.

낙엽교목
상록교목
낙엽소교목
상록소교목
낙엽관목
상록관목
낙엽덩굴
상록덩굴

어린 순을 먹을 수 없는 가짜 죽나무

# 가죽나무

*Ailanthus altissima*
[소태나무과 가죽나무속]

• 낙엽교목 • 수고 20~25m • 분포 전국의 민가 인근 주변에 야생화되어 자람 • 유래 참죽
나무와는 달리, 어린 순을 먹을 수 없는 나무 '가짜 중(죽)나무'에서 가죽나무로 변한 것

## 잎

어긋나기. 6~13쌍의 작은잎으로
이루어진 홀수깃꼴겹잎.

20%

## 꽃

암꽃

수꽃

암수딴그루. 녹백색의 꽃이 가지끝에서 원추꽃차례로
모여 달린다. 5~6월

## 겨울눈

조금 일그러진 반구형이고,
2~3장의 눈비늘조각에
싸여있다.

## 수피

회색 또는 회갈색이
며, 매끄럽고 오랫동
안 갈라지지 않는다.

## 열매

시과. 좁은 타원형이며, 황갈
색~적갈색으로 익는다.
9~10월

13

갈색의 단풍을 오랫동안 달고 있다

# 갈참나무

*Quercus aliena* [참나무과 참나무속]

• 낙엽교목 • 수고 20~25m • 분포 함경남도를 제외한 전국의 해발고도가 낮은 산지
• 유래 늦가을까지 단풍잎을 달고 있어서 '가을 참나무'라 하다가 갈참나무로 변한 것

## | 잎

어긋나기.
거꿀달걀형 또는 긴 타원형이며,
가장자리에 물결 모양의
굵은 톱니가 있다.

40%

## | 꽃

암꽃차례

수꽃차례

암수한그루. 수꽃차례는 아래로 드리워 피며, 암꽃차례는 잎겨
드랑이에 달린다. 4~5월

## | 열매

견과. 달걀형 또는 타원형이
며, 각두에 비늘조각이 비늘처
럼 붙어 있다. 9~10월

## | 겨울눈

긴달걀형이며, 끝눈 주위에
여러 개의 곁눈이 모여 난다.

## | 수피

회색 또는 흑갈색이
며, 불규칙하게 그물
모양으로 갈라진다.

가을에 붉게 물드는 단풍이 아름답다

# 감나무

*Diospyros kaki* [감나무과 감나무속]

낙엽교목
상록교목
낙엽소교목
상록소교목
낙엽관목
상록관목
낙엽덩굴
상록덩굴

• 낙엽교목 • 수고 10~15m • 분포 오래전부터 경기도 이남에 재배
• 유래 감은 단맛이 나기 때문에, 달다는 뜻의 '감(甘)'이 붙어 감나무가 된 것

## | 잎

어긋나며, 타원형 또는 긴 타원형이다.
가을에 붉게 물드는 단풍이 아름답다.

20%

## | 꽃

암꽃

수꽃

암수한그루(간혹 암수딴그루). 암꽃은 잎겨드랑이에, 수
꽃은 새가지 끝에 연한 황백색 또는 황적색으로 핀다.
5~6월

## | 겨울눈

세모진 달걀형이고 끝이 뾰족하며,
4장의 눈비늘조각에 싸여있다.

## | 수피

회갈색이고,
성장함에 따라
코르크화하며,
잘게 갈라진다.

## | 열매

장과. 구형이며, 황적색으로
익는다. 종자는 짙은 갈색이
며, 납작한 타원상 달걀형이
다. 10월

예부터 뜰에 심어두면 벼락이 떨어지지 않는다고 한다

# 개오동

*Catalpa ovata* [능소화과 개오동속]

• 낙엽교목 • 수고 10~15m • 분포 전국 산 가장자리 또는 들에 식재
• 유래 오동나무와 비슷한데, 오동나무만큼 쓸모가 있는 나무가 아니기 때문에 붙인 이름

## | 잎

마주나기.
갈래잎이며, 가장자리는 밋밋하고
3~5갈래로 얕게 갈라진다.

60%

## | 꽃

양성화. 가지 끝에서 원추꽃차례에 황백색 꽃이 모여 달린다. 6~7월

## | 겨울눈

구형~반구형이며, 3륜생이거나 마주난다.
8~12장의 눈비늘조각에 싸여있다.

## | 수피

회갈색이며, 세로로
얕게 갈라진다.

## | 열매

삭과.
20~30cm의 선형이며,
아래로 처져 달린다.
종자는 양 끝에
긴 털이 있다.
9~10월

낙엽교목
상록교목
낙엽소교목
상록소교목
낙엽관목
상록관목
낙엽덩굴
상록덩굴

가을에 붉게 물드는 단풍이 아름답다

# 검양옻나무 *Toxicodendron succedaneum*
[옻나무과 옻나무속]

• 낙엽교목 • 수고 10~13m • 분포 전남(홍도, 흑산도), 제주도의 낮은 산지
• 유래 옻나무속 나무인데, 단풍이 거먕빛(아주 짙게 검붉은 빛)으로 들기 때문에 붙인 이름

## | 잎

어긋나기.
3~7쌍의 작은 잎으로 이루어진
홀수깃꼴겹잎.
가을철 붉은 단풍이 매우 아름답다.

40%

## | 꽃

암꽃차례

수꽃차례

암수딴그루. 지난해 가지 끝 잎겨드랑이에 녹백색의 꽃이 모여 달린다. 5~6월

## | 열매

핵과. 편구형이며, 9~10월에 연한 갈색으로 익는다.

## | 겨울눈

끝눈은
뾰족한 달걀형이며,
곁눈은 구형이다.
3~6장의 적갈색
눈비늘조각에
싸여있다.

## | 수피

회갈색을 띠며 평활하다. 오래되면 세로로 얕은 골이 지면서 갈라진다.

가을에 잎이 질 때, 잎자루 부분에서 향기가 난다

# 계수나무

*Cercidiphyllum japonicum*
[계수나무과 계수나무속]

• 낙엽교목 • 수고 25~30m • 분포 전국적으로 공원이나 정원에 조경수로 식재 • 유래 일본 이름 가쯔라(カツラ, 桂)가 우리나라에 들어왔을 때, 한자 계(桂)를 보고 계수나무라고 한 것

## | 잎

마주나기.
하트 모양이며, 잔물결 같은
둥근 톱니가 있다.
가을철에 노란 단풍이 아름답다.

60%

## | 꽃

암꽃

수꽃

암수딴그루. 잎이 나기 전에 꽃을 피운다. 암꽃 수꽃 모두 꽃 잎과 꽃받침이 없다. 3~4월

## | 겨울눈

원추형이고 붉은색을 띠며,
2장의 눈비늘조각에 싸여있다.
가지 끝에 2개의 가짜끝눈이 달린다.

## | 수피

회갈색을 띠며, 성장
함에 따라 세로로 거
칠게 갈라진다.

## | 열매

골돌과. 한쪽으로 굽
은 원기둥형이며, 종
자는 납작한 사다리
모양이다. 9~10월

뼈에 이롭다는 뜻의 한자어 골리수에서 유래된 이름

# 고로쇠나무

*Acer pictum* var. *mono*
[단풍나무과 단풍나무속]

낙엽교목
상록교목
낙엽소교목
상록소교목
낙엽관목
상록관목
낙엽덩굴
상록덩굴

• 낙엽교목 • 수고 15~20m • 분포 전국의 산지 • 유래 뼈에 좋은 수액이 나오는 나무라서 골리수(骨利樹)로 불렸는데, 이것이 나중에 고로쇠로 변한 것

## | 잎

마주나기. 갈래잎이며,
5~7갈래로 얕게 갈라진다.

30%

## | 꽃

양성화 / 수꽃

수꽃양성화한그루. 새가지 끝에 황록색의 꽃이 모여 핀다. 4~5월

## | 겨울눈  | 열매

달걀형이고 끝이 조금 뾰족하며,
6~10장의 눈비늘조각에 싸여있다.

2개의 시과로 이루어져 있으며, 보통 90도 이하로 벌어진다. 9~10월

## | 수피

회색 또는 회갈색이며 세로로 얕게 갈라진다.

감나무를 접붙일 때 쓰는 대목나무

# 고욤나무 *Diospyros lotus* [감나무과 감나무속]

• 낙엽교목 • 수고 10~15m • 분포 전국의 민가 부근에서 야생화되어 자람
• 유래 작은 감(小柿)에서 유래된 '고'와 어미의 옛말인 '욤'의 합성어에서 비롯된 이름

## | 잎

어긋나기.
타원형 또는 긴 타원형이며,
가장자리는 밋밋하다.

40%

## | 꽃

암꽃

수꽃

암수딴그루. 연한 황백색 또는 황적색의 꽃이 핀다. 5~6월

## | 열매

장과. 타원형 또는 구형이며,
연노랑색으로 익지만 서리를
맞으면 흑자색으로 변한다.
10~11월

## | 겨울눈

물방울형이고
조금 편평하며,
2장의 눈비늘조각에
싸여있다.

## | 수피

짙은 회색 또는
회갈색이며,
얇고 불규칙하게
갈라진다.

낙엽교목
상록교목
낙엽소교목
상록소교목
낙엽관목
상록관목
낙엽덩굴
상록덩굴

껍질이 두꺼워 굴피지붕이나 코르크 병마개로 사용된다

# 굴참나무

*Quercus variabilis*
[참나무과 참나무속]

- 낙엽교목 • 수고 25~30m • 분포 함북을 제외한 전국의 낮은 산지
- 유래 수피에 깊은 골이 패기 때문에, 골참나무라 부르다가 굴참으로 변한 것

## 잎

어긋나기.
달걀 모양의 타원형 또는
긴 타원형이며, 가장자리에
바늘 모양의 예리한 톱니가 있다.

## 꽃

암꽃차례 / 수꽃차례

암수한그루. 수꽃차례는 아래로 드리우며, 암꽃차례는
새가지의 잎겨드랑이에 달린다. 4~5월

## 겨울눈

긴 달걀형이고 끝이 다소 뾰족하다.
20~30장의 눈비늘조각에 싸여있다.

50%

## 수피

회백색이며 코르크층
이 두껍게 발달한다.
성장함에 따라 세로
로 깊게 갈라진다.

## 열매

견과. 넓은 달걀형 또는 둥근
꼴이며, 각두는 반구형. 다음
해 10월

수피로 그물을 만들거나 물을 들였다
# 굴피나무

*Platycarya strobilacea*
[가래나무과 굴피나무속]

• 낙엽교목 • 수고 12~15m • 분포 경기 이남의 산지. 난온대 지역에 흔함
• 유래 수피로 그물을 만들거나 물을 들였기 때문에, 그물피나무라 부르다가 굴피나무로 변한 것

## | 잎

작은잎이 5~7쌍인 홀수깃꼴겹잎.
겹잎은 어긋나고 작은잎은 마주난다.

20%

## | 꽃

암꽃차례(중앙 하)와 수꽃차례

암수한그루. 새가지 끝에 황록색의
꽃차례가 총상으로 모여 달린다.
6~7월

## | 열매

견과.
열매이삭은 달걀 모양의
타원형이며, 포가 촘촘하게
겹쳐져 있다. 9~11월

## | 겨울눈

달걀형 또는
넓은 달걀형이고
끝이 뾰족하다.
11~15장의
눈비늘조각에
싸여있다.

## | 수피

회색 또는 갈색이고,
성장함에 따라 세로
방향으로 갈라진다.

22

어린 가지를 꺾거나 껍질을 벗기면 특이한 냄새가 난다

# 귀룽나무 *Prunus padus* [장미과 벚나무속]

낙엽교목
상록교목
낙엽소교목
상록소교목
낙엽관목
상록관목
낙엽덩굴
상록덩굴

• 낙엽교목 • 수고 15m • 분포 지리산 이북의 산지 계곡가
• 유래 하얀 꽃이 마치 뭉게구름 같다고 하여 '구름나무' 라고 부르다가 귀룽나무가 됨

## 잎

어긋나며, 긴 타원형 또는 거꿀달걀형이다.
잎자루 윗부분에 1쌍의 꿀샘이 있다.

50%

## 꽃

양성화. 새가지 끝에 총상꽃차례로
흰색 꽃이 모여 핀다. 4~6월

## 겨울눈

달걀형이며, 끝이 뾰족하다.
6~9장의 눈비늘조각에 싸여있다.

## 수피

회흑색이고 껍질눈이
발달하며, 오래되면
세로로 불규칙하게
갈라진다.

## 열매

핵과. 달걀꼴 구형이며 흑색으
로 익는다. 7~9월

뿌리가 숨을 쉬기 어려울 때는 땅위로 호흡근을 내보낸다

# 낙우송

*Taxodium distichum*
[측백나무과 낙우송속]

• 낙엽교목 • 수고 30~50m • 분포 가로수 및 공원수로 전국에 식재
• 유래 잎가지가 깃털처럼 생겼으며, 가을에 낙엽이 지는 침엽수이기 때문에 붙인 이름

## | 잎

가는 잎이 2장씩 어긋나며,
곁가지도 2개씩 어긋난다.
침엽수이지만
가을에 단풍이 들고 낙엽진다.

50%

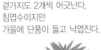

## | 꽃

암꽃차례

수꽃차례

암수한그루. 암꽃차례는 녹색이고 어린가지 끝에 모여 달린다.
수꽃차례는 타원형이고 짧은 자루가 있다. 3~4월

## | 열매

구과.
산딸기 모양의
구형이며,
황갈색으로 익는다.
10~11월

## | 겨울눈

어긋나게 달리며,
달걀형이고
눈비늘조각에
싸여있다.
곁눈은 가지에
거의 직각으로
붙는다.

## | 수피

성장함에 따라 짙은
적갈색이 되고, 세로
로 얇게 벗겨진다.

호흡근

24

우리나라에서는 울릉도에만 자란다

# 너도밤나무

*Fagus multinervis*
[참나무과 너도밤나무속]

낙엽교목
상록교목
낙엽소교목
상록소교목
낙엽관목
상록관목
낙엽덩굴
상록덩굴

• 낙엽교목 • 수고 20~25m • 분포 울릉도의 바닷가
• 유래 잎이 밤나무 잎과 닮았기 때문에 붙인 이름

## | 잎

어긋나기.
달걀형 또는 달걀꼴 타원형이며,
가장자리에 물결 모양 또는
이빨 모양의
얕은 톱니가 있다.

50%

## | 꽃

암꽃차례(상)와 수꽃차례(하)

암수한그루. 수꽃은 꽃자루 끝에
머리 모양으로 모여 달린다.
5월

## | 열매

견과.
성숙하면 각두가
4개로 갈라져
뒤로 젖혀지면서
견과가 드러난다.
10월

## | 겨울눈

피침형이며, 가늘고
긴 물방울 모양이다.
16~22장의 눈비늘조각이
기와장처럼 겹쳐져 있다.

## | 수피

회색 또는 회백색을
띠며, 평평하고 매끈
한 편이다. 껍질눈이
많다.

오래되면 수피가 얇게 벗겨져서 적갈색의 얼룩무늬가 된다

# 노각나무

*Stewartia pseudocamellia*
[차나무과 노각나무속]

• 낙엽교목 • 수고 7~15m • 분포 경북, 충남 이남의 산지
• 유래 수피가 녹각(鹿角, 사슴의 뿔) 혹은 노루의 뿔을 닮았다 하여 붙인 이름

## | 잎

어긋나기.
반듯한 타원형이며,
가장자리에 얕고 둔한 톱니가 있다.

30%

## | 꽃

양성화. 햇가지 아랫 부분의 잎겨드
랑이에 흰색의 꽃이 한 송이씩 핀다.
6~8월

## | 겨울눈

눈비늘조각은 처음에
는 2~4장이 있지만,
일찍 떨어져서 맨눈 생
태가 된다.

## | 수피

성장함에 따라 표면
이 얇게 벗겨져서 황
갈색 또는 적갈색의
얼룩무늬가 된다.

## | 열매

삭과. 5각뿔 모양의 달걀형이
고, 익으면 5갈래로 갈라진다.
9~10월

26

뿌리껍질은 유근피라 하며, 구황식물 또는 약재로 유명하다

# 느릅나무 *Ulmus davidiana* var. *japonica*
[느릅나무과 느릅나무속]

낙엽교목
상록교목
낙엽소교목
상록소교목
낙엽관목
상록관목
낙엽덩굴
상록덩굴

• 낙엽교목 • 수고 15m • 분포 전국의 산지 또는 하천변
• 유래 나무의 속껍질을 벗겨서 짓이기면, 끈적해지고 느른(느름)해지는데서 유래한 이름

## | 잎

어긋나기.
긴 타원형이며, 촉감이 까칠까칠하다.
잎의 좌우와 밑부분이
비대칭인 경우가 많다.

50%

## | 꽃

양성화. 꽃은 잎이 나기 전
에 전년지의 잎겨드랑이에
7~15개가 모여 핀다.
3~4월

## | 열매

시과. 거꿀달걀형 또는 타
원형이며, 가장자리에 날
개가 있다. 종자는 날개 중
앙에 있다. 5~6월

## | 겨울눈

잎눈    ▲ 꽃눈

잎눈은 달걀형이고
꽃눈은 크고 둥그름하며,
5~6장의 눈비늘조각에 싸여 있다.

## | 수피

진한 갈색을 띠며,
오래되면
비늘 모양으로
불규칙하게
벗겨진다.

27

마을 어귀의 정자나무로 가장 많이 사용된 나무

# 느티나무
*Zelkova serrata*
[느릅나무과 느티나무속]

- 낙엽교목 • 수고 30~40m • 분포 전국에 분포하며 주로 산지의 계곡부에 자람
- 유래 자라면서 줄기껍질이 일어나고 누르스름해져서 누르스름한 티를 내는 나무, 즉 '늙은 티'를 내는 나무라는 뜻

## | 잎

어긋나기. 긴 타원형이며, 잎끝이 커브형으로 휘어있다. 가을에 적색 또는 황색의 단풍이 든다.

60%

## | 꽃

암꽃(좌)과 수꽃(우)

암수한그루. 암꽃은 새가지 윗부분에 한 송이씩 달리고, 수꽃은 새가지 밑부분에 모여 달린다. 4~5월

## | 겨울눈

8~10장의 눈비늘조각에 싸여 있다. 덧눈은 가지의 그늘진 쪽에 붙는다.

## | 수피

회갈색을 띠며 평활하다. 성장함에 따라 불규칙한 조각으로 벗겨지고, 얼룩덜룩한 무늬가 나타난다.

## | 열매

핵과. 일그러진 구형이고, 익으면 황갈색을 띤다. 매우 단단하다. 10월

기온이 떨어지면, 나뭇잎 속의 당 용액이 잎에 남아서 단풍이 든다

# 단풍나무

*Acer palmatum*
[단풍나무과 단풍나무속]

상록교목
낙엽소교목
상록소교목
낙엽관목
상록관목
낙엽덩굴
상록덩굴

• 낙엽교목 • 수고 10~15m • 분포 전라도, 경상도, 제주도의 산지
• 유래 가을에 잎이 붉게 물들기 때문에 붙여진 이름

## | 잎

100%

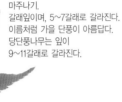

마주나기.
갈래잎이며, 5~7갈래로 갈라진다.
이름처럼 가을 단풍이 아름답다.
당단풍나무는 잎이
9~11갈래로 갈라진다.

## | 꽃

양성화

수꽃양성화한그루.
잎과 함께,
새가지 끝에
연한 노랑색의
꽃이 모여 핀다.
4~5월

수꽃

## | 열매

긴 타원형이고
2개의 시과로
이루어지며,
거의 수평으로
벌어진다.
7~9월

## | 수피

회갈색을 띠며, 매끄
러운 편이다. 성장함
에 따라 세로로 얇은
줄이 생긴다.

## | 겨울눈

물방울형 또는
삼각형이며,
끝이 뾰족하다.
겨울눈 밑에
가는 털이 있다.

영어 이름 핀오크(Pin oak)에서 근사한 대왕참나무로

# 대왕참나무

*Quercus palustris*
[참나무과 참나무속]

• 낙엽교목 • 수고 20~30m • 분포 전국에 공원수, 가로수로 식재
• 유래 참나무속이면서, 키가 다른 참나무보다 크기 때문에 붙인 이름

## | 잎

어긋나기.
5~7개의 열편이 있고, 열편 끝에
가시같은 침이 있다.
단풍은 청동색 또는 붉은색을 띤다.

40%

## | 꽃

암꽃차례

수꽃차례

암수한그루. 잎이 나면서 동시에 꽃이 핀다. 4~5월.

## | 겨울눈

달걀형이며,
눈비늘조각에 싸여있다.

## | 수피

성장함에 따라 회갈
색이 되고, 세로로 거
칠게 갈라진다.

## | 열매

견과. 각두는 도토리의 약 1/4
을 감싸며, 다음해 9~10월에
연한 갈색으로 익는다.

잎을 찢어보면 거미줄 모양의 점액질 하얀 실이 보인다

# 두충

*Eucommia ulmoides*
[두충과 두충속]

낙엽교목
상록교목
낙엽소교목
상록소교목
낙엽관목
상록관목
낙엽덩굴
상록덩굴

• 낙엽교목 • 수고 15~20m • 분포 전국적으로 재배 • 유래 두충(杜仲)이라는 옛 중국의 도인이 이 나무의 잎을 차로 만들어 마신 후에 득도했다 하여 붙인 이름

## 잎

어긋나기.
달걀형 또는 긴 타원형이며,
끝이 길게 뾰족하다.
가장자리에 날카로운 톱니가 있다.

40%

## 꽃

암꽃                수꽃

암수딴그루. 꽃과 잎이 함께 나온다. 잎겨드랑이에서 피고 꽃잎과 꽃받침은 없다. 4~5월

## 겨울눈

달걀형이고 끝이 뾰족하다.
8~10장의 눈비늘조각에 싸여 있다.

## 수피

회갈색 혹은 어두운
갈색이며, 오래되면
조각으로 떨어진다.

## 열매

시과. 주변에 날개가 있고
갈색으로 익는다. 9~11월

옛날 떡을 찔 때, 시루 밑에 깔거나 떡 사이사이에 넣었다

# 떡갈나무

*Quercus dentata* [참나무과 참나무속]

- 낙엽교목 • 수고 20m • 분포 전국의 해발고도가 낮은 산지
- 유래 넓은 잎으로 떡이나 음식을 싸거나, 떡을 찔 때 시루 밑에 깔았다 하여 붙인 이름

## | 잎

어긋나기.
거꿀달걀형이며, 가장자리에 크고
둥근 톱니가 있다.
잎자루는 매우 짧다.

20%

## | 꽃

암꽃차례

수꽃차례

암수한그루. 잎이 나면서 황록색의 꽃이 동시에 핀다. 암꽃차례는 위로 곧추서고, 수꽃차례는 아래로 처진다. 4~5월

## | 겨울눈

물방울형이며,
20~25장의
눈비늘조각에 싸여있다.
끝눈 주위에
여러 개의 곁눈이
붙는다(정생측아).

## | 수피

회갈색 또는 흑갈색
이며, 깊게 갈라지고
코르크질이 발달한다.

## | 열매

견과. 달걀꼴 구형이며, 갈색
으로 익는다. 9~10월

낙엽교목
상록교목
낙엽소교목
상록소교목
낙엽관목
상록관목
낙엽덩굴
상록덩굴

낭창낭창한 가지는 말채찍을 만들기에 아주 적합하다

# 말채나무

*Cornus walteri*
【층층나무과 층층나무속】

• 낙엽교목 • 수고 10~15m • 분포 평남 및 강원도 이남의 산지
• 유래 봄에 한창 물이 오른 가지를 말채찍으로 사용한 데서 유래된 이름

## | 잎

마주나기.
타원형 또는 넓은 달걀형이며,
잎끝이 길게 뾰족하다.

50%

## | 꽃

양성화. 새가지 끝에서 흰색 또는 황백색 꽃이
산방꽃차례로 달린다. 5~6월

## | 겨울눈

눈비늘이 없는 맨눈이며,
눈끝이 펜 끝처럼 뾰족하다.
흑갈색 털이 밀생한다.

## | 수피

짙은 회색이며, 그물
모양으로 깊게 갈라
진다.

## | 열매

핵과. 구형이며, 흑색으로 익는
다. 종자는 구형 또는 편구형.
9~10월

중요한 밀원식물이며, 가을에 물드는 노란색 단풍이 아름답다

# 망개나무
*Berchemia berchemiaefolia*
[갈매나무과 망개나무속]

• 낙엽교목 • 수고 10~15m • 분포 충북 속리산, 월악산, 경북 내연산 등의 계곡 및 산지
• 유래 빨간 열매를 방언으로 망개라고 하는 것에서 유래된 이름

## | 잎

어긋나기.
달걀 모양의 긴 타원형이며,
가장자리에 물결 모양의 굴곡이 있다.

40%

## | 겨울눈

비늘눈이며,
납작한 반원형이다.
곁눈은 가지에
바짝 붙어서 달린다.

## | 꽃

양성화. 가지 끝 또는 잎겨드랑이에 황록
색 꽃이 모여 달린다. 6~7월

## | 수피

회색이고 그물맥 모
양이며, 오래되면 세
로로 갈라져 골이 생
긴다.

## | 열매

핵과. 긴 타원형 또는 달걀형
이며, 적색으로 익는다. 8월

34

산초나무나 초피나무와 비슷한 열매가 열린다

# 머귀나무

*Zanthoxylum ailanthoides*
[운향과 초피나무속]

• 낙엽교목 • 수고 15m • 분포 울릉도, 경남, 전남 및 제주도의 바닷가 산지
• 유래 잎 모양은 쉬나무를 닮았고 열매는 약으로 먹기 때문에, '먹는 쉬나무'에서 '머기쉬나무'를 거쳐 머귀나무가 됨

## | 잎

어긋나기.
작은잎이 9~15쌍인
홀수깃꼴겹잎이지만
끝의 잎이 없는 것도 있다.

20%

## | 꽃

암꽃 / 수꽃

암수딴그루. 새가지 끝의 원추꽃차례에 황백색 꽃이 모여
달린다. 7~8월

## | 겨울눈  | 열매

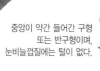

중앙이 약간 들어간 구형
또는 반구형이며,
눈비늘껍질에는 털이 없다.

삭과. 익으면 벌어져서 매운 맛
이 나는 검은 종자가 나온다.
11~12월

## | 수피

회갈색이며, 가시와
사마귀 같은 돌기가
있으나 가시는 없어
진다.

35

구슬 모양의 씨앗으로 염주를 만들었다

# 멀구슬나무

*Melia azedarach*

[멀구슬나무과 멀구슬나무속]

• 낙엽교목 • 수고 10~15m • 분포 전남, 경남 및 제주도의 민가 주변에 야생화되어 자람
• 유래 나무에 멀건 구슬 모양의 열매가 열리기 때문에 붙인 이름

## | 잎

2~3회 홀수깃꼴겹잎.
잎대는 어긋나며,
작은잎은 마주난다.

40%

## | 꽃

양성화. 새가지 끝에 연한 자주색 꽃이 모여 피는데, 은은한 향기가 난다. 5~6월

## | 겨울눈

조금 일그러진 반구형이며,
별모양의 털이 빽빽하다.
3장의 눈비늘조각에 싸여 있다.

## | 수피

매끈하고 껍질눈이
발달한다. 오래되면
짙은 회갈색이 되고,
세로로 불규칙하게
갈라진다.

## | 열매

핵과. 타원형이며, 황갈색으로
익는다. 익으면 단맛이 난다.
9~10월

가로수로 많이 식재되며, 특히 담양의 가로수길이 유명하다

# 메타세쿼이아 *Metasequoia glyptostroboides*
[측백나무과 메타세쿼이아속]

낙엽교목
상록교목
낙엽소교목
상록소교목
낙엽관목
상록관목
낙엽덩굴
상록덩굴

- 낙엽교목 • 수고 30~50m • 분포 전국에 공원수, 가로수로 식재
- 유래 속명 메타세쿼이아(*Metasequoia*)를 그대로 따서 붙인 이름

## | 잎

가는 잎이 2장씩 마주나며,
깃 모양을 이룬다.
침엽수이지만
가을에 단풍들고 낙엽진다.

50%

## | 꽃

암꽃차례        수꽃차례

암수한그루. 암꽃차례는 가지 끝에 한개씩 달리며, 수꽃
차례는 가지 끝부분의 잎겨드랑이에 달린다. 3~4월

## | 겨울눈

달걀형이며,
12~16장의 눈비늘조각에 싸여있다.
곁눈은 마주나며,
가지에 거의 직각으로 붙는다.

## | 수피

적갈색이고 오래되면
세로로 얇게 갈라져
벗겨진다. 성장함에
따라 표면이 두껍게
융기한다.

## | 열매

구과. 구형이며, 갈색으로 익
는다. 종자에는 날개가 달려있
다. 10~11월

목련류는 1억 년 전부터 지구상에 존재해 온 꽃나무

# 목련

*Magnolia kobus* 〔목련과 목련속〕

• 낙엽교목 • 수고 10~15m • 분포 제주도 숲속에 자생하며, 전국에 식재
• 유래 연꽃처럼 크고 아름다운 꽃이 나무에 달린다고 하여 목련(木蓮)이라고 함

## | 잎

어긋나기.
넓은 거꿀달걀형이며,
가장자리는 밋밋하다.
잎끝이 급하게 뾰족해진다.

30%

## | 꽃

양성화. 잎이 나기 전에 가지
끝에 흰색 꽃이 피며, 꽃잎이
6~9개이다. 향기가 좋다.
3~4월

## | 열매

골돌과. 분홍에서 갈색으로 익
는다. 종자는 타원형이고 붉은
색을 띤다. 9~10월

## | 수피

껍질눈이 있고 평활
하다. 성장함에 따라
회백색이 되며, 노목
에서는 세로로 얕게
갈라진다.

## | 겨울눈

▲ 꽃눈  ▲ 잎눈

꽃눈은 크고 긴 타원형이
며, 긴 털이 난 2장의 눈
비늘조각에 싸여 있다.

낙엽교목
상록교목
낙엽소교목
상록소교목
낙엽관목
상록관목
낙엽덩굴
상록덩굴

씨앗은 새까맣고 아주 단단해서 염주를 만들기에 적합하다

# 무환자나무

*Sapindus mukorossi*
[무환자나무과 무환자나무속]

• 낙엽교목 • 수고 20~25m • 분포 제주도, 전라도 및 경상도의 인가 주변에 식재
• 유래 집안에 이 나무를 심으면 우환이 생기지 않는다고 하여 붙인 이름

## | 잎

어긋나기.
4~6쌍의 작은잎으로
이루어진 짝수깃꼴겹잎이다.
작은잎은 긴 타원형이다.

20%

## | 꽃

암꽃(좌와 우)과 수꽃(중앙)

암수한그루. 새가지 끝에 황백색 꽃이 모여
핀다. 6~7월

## | 겨울눈

반구형이며, 4장의 눈비늘조각에 싸여있다.
잎자국은 원숭이 얼굴 모양이다.

## | 수피

회갈색이고 매끈하며,
세로줄이 있다. 성장
하면서 세로로 갈려
져 얇게 벗겨진다.

## | 열매

핵과. 구형이며, 황갈색으로
익는다. 종자는 둥근형이며,
검고 단단하다. 10~11월

고로쇠 수액보다 좋은 성분이 더 많다

# 물박달나무

*Betula davurica*
[자작나무과 자작나무속]

• 낙엽교목  • 수고 10~20m  • 분포 일부 남부 지역을 제외한 전국의 산지
• 유래 박달나무와 비슷하며, 물가에서 잘 자라기 때문에 붙인 이름

## | 잎

어긋나기.
달걀형 또는 마름모형이며,
잎뒷면에 샘점이 많다.

60%

## | 꽃

암꽃차례          수꽃차례

암수한그루. 암꽃차례는 짧은가지에 위로 향해 달리고, 수꽃차
례는 긴가지에 아래로 향해 달린다. 4~5월

## | 겨울눈

달걀형이고 끝이 뾰족하다.
3~4장의 적갈색 눈비늘조각에 싸여있다.

## | 수피

회색 또는 회백색이
고 얇고 불규칙하게
벗겨진다.

## | 열매

소견과. 열매이삭은 긴 타원형
이며, 소견과는 평편한 거꿀달
걀형이다. 9~10월

40

낙엽교목
상록교목
낙엽소교목
상록소교목
낙엽관목
상록관목
낙엽덩굴
상록덩굴

자연보전용 또는 사방용으로 많이 식재되고 있다

# 물오리나무

*Alnus hirsuta*
[자작나무과 오리나무속]

•낙엽교목 •수고 20m •분포 전국의 산지에 흔히 자람 •유래 오리나무와 비슷하고,
산지의 계곡이나 물기가 많은 곳에서 자라기 때문에 붙인 이름

## | 잎

어긋나기.
넓은 달걀형
또는 타원형.
가장자리에 얕은
결각과 겹톱니가
있다.

40%

## | 꽃

암꽃차례

수꽃차례

암수한그루.
암꽃차례는
긴 타원형이며,
수꽃차례는
아래로 드리워져 달린다.
3~4월

## 겨울눈

타원 모양의
긴 달걀형이며,
적갈색~짙은
자색을 띤다.
아래쪽에 굵고 긴
자루가 있다.

## | 수피

회흑색 또는 회갈색
이고 매끈하다. 오래
되면 옆주름이 많이
생긴다.

## | 열매

소견과. 달걀꼴 구형이며, 소
견과는 거꿀달걀형이고 좁은
날개가 있다. 9~10월

41

재질이 단단하여 야구방망이 · 도끼자루 · 맷돌손잡이 등을 만들었다

# 물푸레나무

*Fraxinus rhynchophylla*
[물푸레나무과 물푸레나무속]

• 낙엽교목　• 수고 10~20m　• 분포 전국의 산과 들
• 유래 가지를 꺾어 물에 넣으면, 물이 푸른색으로 변하기 때문에 붙인 이름

## | 잎

마주나기.
3~4쌍의 작은잎으로
이루어진 홀수깃꼴겹잎이다.
작은잎은 밑으로 내려갈수록 작아진다.

20%

## | 꽃

양성꽃차례

수꽃차례

수꽃양성화딴그루. 새가지 끝 또는 잎겨드랑이에 자잘한 꽃이
모여 핀다. 4~5월

## | 열매

시과.
갈색으로 익으며
가장자리에 날개가 있다.
8~9월

## | 수피

짙은 회백색이며, 세
로로 갈라지지만 벗
겨지지는 않는다. 흰
색 얼룩이 있다가 차
츰 없어진다.

## | 겨울눈

옅은 청자색을 띠며,
폭이 넓은 달걀형이다.
3~4장의 눈비늘조각에
싸여있다.

암수한그루이며, 황백색 꽃에서 독특한 향기가 난다

# 밤나무

*Castanea crenata*
[참나무과 밤나무속]

낙엽교목
상록교목
낙엽소교목
상록소교목
낙엽관목
상록관목
낙엽덩굴
상록덩굴

• 낙엽교목 • 수고 15m • 분포 주로 중부 이남에서 식재
• 유래 옛날에는 밤이 중요한 먹거리여서, '밥나무'라 부르다가 밤나무가 된 것

## | 잎

어긋나기.
긴 타원 모양의 피침형이며,
가장자리에 가시 같은 톱니가 있다.

40%

## | 꽃

암꽃

수꽃차례

암수한그루. 황백색 꽃이 피며, 독특한 향기가 난다.
5~6월

## | 열매

견과. 가시가 빽빽한 각두에
완전히 싸여있다. 각두 속에
1~3개의 견과가 들어있다.
9~10월

## | 겨울눈

겨울눈은 색과 모양은 밤
열매와 비슷하며, 3~4장의
눈비늘조각에 싸여있다.

## | 수피

적갈색이고 마름모꼴
의 껍질눈이 발달한
다. 성장함에 따라 회
색으로 변하고 세로
로 깊게 갈라진다.

43

꽃봉오리는 북쪽을 향해서 피기 때문에 북향화(北向花)라고도 부른다

# 백목련

*Magnolia denudata* [목련과 목련속]

- 낙엽교목 • 수고 10~20m • 분포 전국의 공원 및 정원에 식재
- 유래 목련속 나무이고, 흰색 꽃이 풍성하게 피기 때문에 붙인 이름

## | 잎

어긋나기.
거꿀달걀형이며, 가장자리는 밋밋하다.
잎끝이 급하게 뾰족해진다.

40%

## | 꽃

양성화.
잎이 나기 전에
흰색 꽃이 피며,
향기가 좋다.
3~4월

## | 열매

골돌과. 타원형이고 붉은색으로 익
으며, 닭벼슬처럼 생겼다. 9~10월

## | 겨울눈

꽃눈은 2장의 큰 눈비늘
조각에 싸여 있으며,
잎눈은 꽃눈에 비해
작은 편이다.

## | 수피

회백색이고 껍질눈이
있으며, 평활하다. 노
목에서는 세로로 불
규칙하게 벗겨져서
떨어진다.

구한말 우리나라에 인공적으로 심은 최초의 가로수 수종

# 백합나무

*Liriodendron tulipifera*
[목련과 백합나무속]

낙엽교목
상록교목
낙엽소교목
상록소교목
낙엽관목
상록관목
낙엽덩굴
상록덩굴

• 낙엽교목 • 수고 30~40m • 분포 전국에 가로수 및 공원수로 널리 식재
• 유래 백합과 비슷한 꽃이 피기 때문에 붙인 이름이며, 튤립나무(Tulip tree)라고도 부른다.

## 잎

40%

어긋나기.
잎몸은 반팔 T셔츠 모양이며,
가을에 노란색으로 단풍 든다.

## 겨울눈

끝눈은
긴 타원형이며,
오리주둥이 모양이다.
털이 없는 2장의
눈비늘조각에
싸여있다.

## 꽃

양성화. 새가지 끝에 백합꽃을 닮은
황록색 꽃이 1개씩 핀다. 5~6월

## 수피

회갈색이고 성장함에
따라 세로로 얕게 갈
라진다.

## 열매

취과에는 다수의 시과가 모
여 달린다. 익으면 벌어지면
서 날개 달린 씨가 날린다.
9~11월

물을 좋아하는 나무라서 수향목(水鄕木)이라는 별명도 있다

# 버드나무

*Salix pierotii*
[버드나무과 버드나무속]

• 낙엽교목 • 수고 10~20m • 분포 제주도를 제외한 전국의 계곡, 하천가 및 저수지 등 습지
• 유래 바람이 조금만 불어도, 가지와 잎이 버들버들 떤다고 해서 붙인 이름

## | 잎

어긋나기.
피침형이며, 잔톱니가 있다.
잎뒷면은 분백색이며,
털이 약간 있다.

70%

## | 꽃

암꽃차례    수꽃차례

암수딴그루. 잎이 나면서 동시에 잎겨드랑이에 꽃이 핀다. 4월

## | 겨울눈

꽃눈은 황록색이고
달걀형이며,
1장의 눈비늘조각에
싸여있다.
곁눈은 가지에
바짝 붙어서 난다.

## | 열매

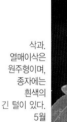 

삭과.
열매이삭은
원주형이며,
종자에는
흰색의
긴 털이 있다.
5월

## | 수피

회갈색이고
껍질눈이 있다.
성장하면서 불규칙하게
갈라지고 코르크층이
발달한다.

낙엽교목
상록교목
낙엽소교목
상록소교목
낙엽관목
상록관목
낙엽덩굴
상록덩굴

전설의 새 봉황이 깃들어 쉬는 나무

# 벽오동

*Firmiana simplex*
[벽오동과 벽오동속]

• 낙엽교목 • 수고 15m • 분포 경기도 이남의 공원 및 정원에 식재 • 유래 오동나무와
모양이 비슷한데, 수피가 벽색(碧色, 짙은 푸른빛)을 띤다 하여 붙인 이름

## 잎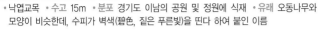

어긋나기.
갈래잎이며, 윗부분이
3~5갈래로 갈라진다.
오동나무 잎과 비슷하다.

20%

## 꽃

암꽃 수꽃

암수한그루. 가지 끝의 대형 원추꽃차례에 노란색 꽃이
모여 핀다. 6~7월

## 겨울눈

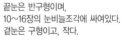

끝눈은 반구형이며,
10~16장의 눈비늘조각에 싸여있다.
곁눈은 구형이고, 작다.

## 수피

유목은 청록색이고 매
우 매끈하다. 성장함에
따라 회백색이 되고 세
로줄이 생긴다.

## 열매

골돌. 열매는 종자가 익기
전에 벌어진다. 종자는 완두
콩 모양이고 식용 가능하다.
10~11월

'단풍의 여왕'이라 불릴 정도로 단풍이 아름답다

# 복자기

*Acer triflorum*
[단풍나무과 단풍나무속]

• 낙엽교목 • 수고 15~20m • 분포 전국에 분포하며, 주로 중부 이북의 높은 산지
• 유래 가을에 볼그스름하게 단풍이 드는 나무이기 때문에 붙인 이름. '볼그스름하다'를 '붉좀
하다', '볼그장하다'라고도 하는데, 이것이 변해서 복자기가 된 것

## | 잎

마주나기.
단풍나무속이지만
특이하게 하나의 잎자루에
3개의 잎이 붙은 세겹잎이다.
가을에 물드는 붉은 단풍이 아름답다.

40%

## | 꽃

암꽃 / 수꽃

수꽃양성화딴그루. 새가지 끝에 황록색 꽃이 암꽃은 1~3개,
수꽃은 3~5개씩 모여 핀다. 4~5월

## | 겨울눈

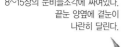

가늘고 긴 물방울형이고,
8~15장의 눈비늘조각에 싸여있다.
끝눈 양옆에 곁눈이
나란히 달린다.

## | 수피

연한 회색이고 평활
하다. 성장함에 따라
세로로 갈라지면서
벗겨진다.

## | 열매

2개의 시과로 이루어져 있다.
시과는 대개 예각을 이룬다.
9~10월

48

낙엽교목
상록교목
낙엽소교목
상록소교목
낙엽관목
상록관목
낙엽덩굴
상록덩굴

〈비목(碑木)〉이라는 가곡으로 더욱 친숙감을 주는 나무

# 비목나무

*Lindera erythrocarpa*
[녹나무과 생강나무속]

• 낙엽교목 • 수고 15m • 분포 중부 이남의 산지, 경기도 서해안 • 유래 수피가 흰빛을
띠기 때문에, 백목(白木) 또는 보안목이라 하다가 비목나무로 변한 것

## | 잎

어긋나기.
긴 타원형이며,
가장자리는 밋밋하다.
가을에 노란 단풍이
아름답다.

50%

## | 꽃

암꽃

수꽃

암수딴그루.
새가지 밑의
잎겨드랑이에
황록색의 꽃이
모여 핀다.
꽃이 잎보다
먼저 핀다.
4~5월

## | 겨울눈

꽃눈은 구형이고
긴 눈자루가 있으며,
잎눈은 긴 달걀형이다.
5~8장의 눈비늘조각에
싸여있다.

## | 수피

연한 회갈색이며, 껍
질눈이 많다. 오래되
면 작은 비늘 모양으
로 불규칙하게 떨어
진다.

## | 열매

장과. 구형이고 붉은색으로
익으며, 열매자루가 길다.
9~10월

49

뽕나무 열매인 오디는 생으로 먹거나 오디술을 만들어 먹는다

# 뽕나무

*Morus alba*
[뽕나무과 뽕나무속]

• 낙엽교목 • 수고 5~15m • 분포 전국의 민가 주변에 야생화되어 자람
• 유래 열매를 먹으면 소화가 잘되어 방귀가 '뽕뽕' 나온다고 하여 붙인 이름

## | 잎

어긋나기.
갈래잎이며, 어릴 때는 3~5갈래의
불규칙한 결각이 있으나
점차 사라진다.

30%

## | 꽃

암꽃차례

수꽃차례

암수딴그루. 암꽃차례는 새가지의 밑부분에 달리며, 수꽃차례
는 잎겨드랑이에 달리고 아래로 처진다. 4~5월

## | 겨울눈

달걀형이고 갈색 또는
연한 갈색이며, 털은 없다.
3~5장의 눈비늘조각에
싸여있다.

## | 열매

취과. 타원형이며, 흑자색으로
익는다. 단맛이 나며, 오디라
한다. 6~7월

## | 수피

회갈색이고 껍질눈이
있으며, 세로로 불규
칙하게 갈라진다.

열매가 정확하게 정오각형으로 구획되어 축구공과 비슷하다

# 산딸나무

*Cornus kousa*
[층층나무과 층층나무속]

낙엽교목
상록교목
낙엽소교목
상록소교목
낙엽관목
상록관목
낙엽덩굴
상록덩굴

• 낙엽교목 • 수고 6~10m • 분포 경기도 및 충청도 이남의 산지
• 유래 산에서 자라며, 익은 열매의 모양이 딸기와 비슷하여 붙인 이름

## | 잎

마주나기.
달걀형이며, 톱니는 없다.
4~5쌍의
측맥이 잎끝을 향해
둥글게 뻗어 있다.

50%

## | 꽃

양성화. 짧은가지 끝에 연한 황색의
꽃이 20~30개씩 모여 핀다. 주위
에 크고 화려하게 보이는 것은 포
엽이다. 5~7월

## | 겨울눈

꽃눈은 구형이며,
가운데가 부풀어 있다.
잎눈은 원추형이다.

▲ 꽃눈  ▲ 잎눈

## | 수피

진한 회갈색이며, 성
장하면서 표면이 불
규칙하게 벗겨져 떨
어진다.

## | 열매

핵과가 모여 있는 집합핵과.
구형이며, 붉은색으로 익는다.
표면이 울퉁불퉁하다. 9~10월

51

팔만대장경의 경판으로 가장 많이 사용된 나무

# 산벚나무 *Prunus sargentii* [장미과 벚나무속]

• 낙엽교목 • 수고 20m • 분포 덕유산, 지리산 이북 등의 백두대간에 주로 분포
• 유래 산에서 자라는 벚나무라는 뜻에서 붙인 이름

## | 잎

어긋나기.
타원형이며,
날카로운 잔톱니가 있다.
잎자루 윗부분에
1쌍의 붉은색 꿀샘이 있다.

50%

## | 꽃

양성화. 잎과 함께 연한 홍색
또는 흰색 꽃이 2~3개씩 모
여 핀다. 꽃자루와 암술대에
털이 없다. 4~5월

## | 겨울눈

달걀형 또는
긴 달걀형이며,
끝이 뾰족하다.
8~10장의
눈비늘조각에
싸여있다.

## | 수피

짙은 자갈색이고 가
로로 긴 껍질눈이 있
다. 오래되면 불규칙
하게 갈라지고 줄기
가 융기한다.

## | 열매

핵과. 구형이며, 흑자색으로 익
는다. 아릿하면서 단맛이 난다.
5~6월

임금님 수라상에 올랐다 하여 붙여진 이름

# 상수리나무

*Quercus acutissima*
[참나무과 참나무속]

상록교목
낙엽교목
상록교목
낙엽교목
상록관목
낙엽관목
상록덩굴

• 낙엽교목 • 수고 20~25m • 분포 함경남도를 제외한 전국의 낮은 산지
• 유래 임진왜란 때, 선조 임금의 수라상에 올렸다고 '상수라' 하다가 상수리가 됨
  혹은 상수리나무의 열매를 가리키는 한자어 상실(橡實)이 변한 것

## | 잎

어긋나기.
긴 타원형이며,
가장자리에 바늘처럼
뾰족한 톱니가 있다.

40%

## | 꽃

암수한그루.
수꽃차례는 새가지
밑부분에서 아래로
드리워 피며,
암꽃차례는
새가지 끝의
잎겨드랑이에
달린다.
4~5월

암꽃차례

수꽃차례

## | 겨울눈

물방울형이며, 20~30장의
눈비늘조각이 포개져 있다.
5개의 겨울눈이 나선형으로
가지를 2회 돌려난다.

## | 수피

짙은 갈색이고 세로
로 갈라진다. 성장함
에 따라 코르크질이
발달하며, 그물 모양
으로 융기한다.

## | 열매

견과. 달걀형 또는 구형이며,
갈색으로 익는다. 각두의 포린
(인편)은 줄모양으로 뒤로 젖
혀진다. 다음해 10월

나무껍질이 보디빌더의 근육같이 울퉁불퉁하고 미끈하다

# 서어나무

*Carpinus laxiflora*
[자작나무과 서어나무속]

• 낙엽교목 • 수고 15m • 분포 강원도와 황해도 이남의 산지 • 유래 서쪽에 자라는 나무라서 서목(西木)이라 부르다가, 서나무에서 발음이 자연스러운 서어나무가 됨

## | 잎

어긋나기.
타원형이며, 가장자리에
날카로운 겹톱니가 있다.
잎끝은 길게 뾰족하다.

100%

## | 열매

견과. 열매이삭은 긴 원통형이며 아래로 처진다. 9~10월

## | 수피

회색이며,
표면이
매끈하다.
성장함에 따라
줄기가 크게
뒤틀리고
융기하여,
근육질 느낌이
난다.

## | 꽃

암꽃차례

수꽃차례

암수한그루. 암꽃차례는 새가지 끝에서 아래로 달리고, 수꽃차례는 전년지의 잎겨드랑이에 달리고 밑으로 처진다. 4~5월

## | 겨울눈

물방울형이고 연한 갈색 또는 적갈색이며, 끝이 뾰족하다. 16~18장의 눈비늘조각에 싸여 있다.

낙엽교목
상록교목
낙엽소교목
상록소교목
낙엽관목
상록관목
낙엽덩굴
상록덩굴

수나라 양제가 대운하를 건설하고 제방에 심은 나무

# 수양버들

*Salix babylonica*
[버드나무과 버드나무속]

• 낙엽교목 • 수고 15~20m • 분포 전국적으로 공원수 및 풍치수로 식재
• 유래 가느다란 줄기가 아래로 드리워지는(垂) 버드나무(楊)라는 뜻에서 유래

## | 잎

어긋나기.
길고 늘씬한 좁은 피침형이며,
가장자리에 잔톱니가 있다.
잎자루가 꼬여 있다.

100%

## | 꽃

암꽃차례    수꽃차례

암수딴그루. 잎이 나면서 동시에 잎겨드랑이에 원통형
의 꽃이 핀다. 3~4월

## | 겨울눈

달걀형이고
털이 없으며,
1장의 눈비늘조각에
싸여있다.
곁눈은 가지에
바짝 붙어서 난다(伏生).

## | 수피

검은 회색이고 코르
크층이 발달한다.
성장하면서 갈라져서
세로로 긴 그물 무늬
가 생긴다.

## | 열매

삭과. 열매이삭은
원주형이며, 종자
에는 흰색의 솜털
이 있다. 5월

열매로 짠 기름은 호롱불을 켜는데 이용했다

# 쉬나무

*Tetradium daniellii* 〔운향과 쉬나무속〕

• 낙엽교목 • 수고 7~15m • 분포 전국의 해발고도가 낮은 산지 및 민가 주변
• 유래 원래 이름 오수유(吳茱萸)에서 나라 이름 '오' 가 빠지고, 수유나무로 불리다 쉬나무가 됨

## | 잎

마주나기.
타원형 또는 넓은 달걀형의
작은잎이 2~5쌍 붙는
홀수깃꼴겹잎이다.

20%

## | 꽃

암꽃

수꽃

암수딴그루. 새가지 끝에 흰색 꽃이 산방꽃차례로 모여 달린
다. 7~8월

## | 열매

삭과.
4~5개의 분과로
이루어져 있으며,
분과는 구형 또는
피라미드형이다.
9~10월

## | 겨울눈

## | 수피

회색 또는 짙은 회색
이고 평활하며, 작은
껍질눈이 산재해있다.

눈비늘이 없는
맨눈이며,
달걀형이다.
표면에
회갈색의
털이
밀생한다.

낙엽교목
상록교목
낙엽소교목
상록소교목
낙엽관목
상록관목
낙엽덩굴
상록덩굴

흉년에 귀중한 구황식량 구실을 했다

# 시무나무

*Hemiptelea davidii*
[느릅나무과 시무나무속]

• 낙엽교목 • 수고 15m • 분포 전국의 숲 가장자리 및 하천 가장자리 • 유래 예전에 20리
마다 이 나무를 이정표로 심었다 하여, 스무나무라 하다가 시무나무로 변한 것

## | 잎

어긋나기.
긴 타원형이며,
톱니는 느티나무처럼 둥그름하다.

100%

## | 꽃

암꽃

수꽃

수꽃양성화한그루.
암꽃은 가지 윗부분의
잎겨드랑이에 달리고,
수꽃은 가지의
아랫부분에 달린다.
4~5월

## | 겨울눈

둥글고 가지에
바짝 붙어서 난다.
곁눈에는 덧눈이 붙는다.

## | 수피

짙은 회색 또는 회갈
색이며, 오래되면 불
규칙하게 세로로 갈
라진다.

## | 열매

시과. 달걀형이고 털이
없으며, 열매 한쪽에만
작은 날개가 있다.
9~10월

대부분 해발고도가 높은 산지의 척박한 땅에 산다

# 신갈나무

*Quercus mongolica* [참나무과 참나무속]

• 낙엽교목 • 수고 30m • 분포 전국의 해발고도가 높은 산지의 중턱 이상
• 유래 옛날 나무꾼들이 짚신 바닥이 헤지면 신갈나무 잎을 깔았다고 하여 붙인 이름

## | 잎

어긋나기.
거꿀달걀형이며, 가장자리에
물결 모양의 둥근 톱니가 있다.
잎자루가 아주 짧다.

30%

## | 꽃

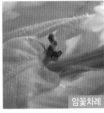
암꽃차례

수꽃차례

암수한그루. 수꽃차례는 새가지 밑부분에서 아래로 드리워 피며, 암꽃차례는 새가지 끝의 잎겨드랑이에 달린다. 4~5월

## | 겨울눈

물방울형이며,
25~35장의
눈비늘조각에
싸여 있다.
끝눈 주위에
여러 개의
곁눈이 붙는다
(정생측아).

## | 수피

암회색 또는 회갈색
이며, 세로로 불규칙
하게 갈라진다.

## | 열매

견과. 좁은 달걀 모양의 타원
형이며, 갈색으로 익는다.
9~10월

낙엽교목
상록교목
낙엽소교목
상록소교목
낙엽관목
상록관목
낙엽덩굴
상록덩굴

'가짜아카시아' 혹은 '개아카시아'라고 불러야 옳은 이름

# 아까시나무
*Robinia pseudoacacia*
〔콩과 아까시나무속〕

• 낙엽교목 • 수고 15~25m • 분포 전국적으로 식재 • 유래 열대 혹은 아열대 지방에서
자라는 아카시아(acasia)와 닮은 나무로, 그것과 구별하기 위해 우리나라에서 붙인 이름

## | 잎

어긋나기.
4~9쌍의 작은잎으로
이루어진 홀수깃꼴겹잎이다.
잎자루 밑부분에
턱잎이 변한
1쌍의 가시가 있다.

30%

## | 꽃

양성화. 새가지의 잎겨드랑이에 흰색 꽃이 모
여 피며, 좋은 향기가 난다. 5~6월

## | 겨울눈

겨울눈은 잎자국
속에 숨어서 보이지
않는다(묻힌눈).
봄에 잎자국이
3갈래로 갈라져서
눈이 나온다.

## | 수피

회갈색 또는 황갈색
이며, 코르크층은 세
로로 가늘고 긴 그물
모양이다.

## | 열매

협과. 납작한 선상 타원형이며,
갈색으로 익는다. 9~10월

목재는 이쑤시개, 나무젓가락, 성냥 등 용재수로 많이 활용되었다

# 양버들

*Populus nigra var. italica*
[버드나무과 사시나무속]

• 낙엽교목 • 수고 30m • 분포 전국의 하천 및 마을 주변에 식재
• 유래 서양에서 들여온 버드나무 종류라는 뜻에서 붙인 이름

## | 잎

어긋나기.
잎 모양은 마름모꼴 또는 넓은
삼각형이며, 잎자루가 눌린 것처럼
납작하다.

40%

## | 꽃

암꽃차례(만개한 상태)

수꽃차례

암수딴그루. 잎이 나기 전에 위쪽 가지에 꽃이 핀다. 4월

## | 겨울눈

좁은 달걀형이며,
끝이 뾰족하고
5~6장의 눈비늘조각에
싸여있다.
표면에 약간의
점성이 있다.

## | 열매

삭과. 달걀형이고 털이 없으
며, 열매이삭은 아래로 처진
다. 4~5월

## | 수피

회갈색이고 세로로
깊게 갈라지며, 성장
하면 세로로 가늘고
긴 그물 모양이 된다.

60

낙엽교목
상록교목
낙엽소교목
상록소교목
낙엽교목
상록교목
낙엽별목
상록별목

마로니에, 히말라야시더와 함께 세계 3대 가로수 수종

# 양버즘나무

*Platanus occidentalis*
[버즘나무과 버즘나무속]

• 낙엽교목 • 수고 40~50m • 분포 전국에 가로수 및 공원수로 식재 • 유래 줄기가 버즘
이 핀 것처럼 얼룩덜룩하고, 서양에서 들여온 나무라는 뜻에서 붙인 이름

## | 잎

어긋나기. 갈래잎이며,
3~5갈래로 갈라진다.
잎자루 밑부분이 부풀어 있으며,
이 속에 겨울눈이 들어 있다.

20%

## | 꽃

암꽃차례 / 수꽃차례

암수한그루. 암꽃차례는 새가지 끝에 달리고, 수꽃차례
는 잎겨드랑이에 달린다. 4~5월

## | 겨울눈

원뿔형이며,
1장의 눈비늘조각에 싸여있다.
잎자루의 밑부분에 겨울눈이
들어있다(엽병내아).

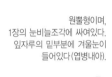

## | 수피

흰색, 녹색, 갈색의
무늬가 얼룩덜룩하
며, 커다란 조각으로
떨어져 버짐을 닮았
다(이름의 유래).

## | 열매

취과. 구형이며, 긴 열매자루에
달려 있어 방울처럼 보인다.
갈색으로 익는다. 9~11월

예전에는 딸을 낳으면 오동나무를 심었기 때문에 '딸나무'라 했다

# 오동나무

*Paulownia coreana*
[현삼과 오동나무속]

• 낙엽교목 • 수고 15~20m • 분포 전국의 산야에서 야생화되어 자람
• 유래 오동나무를 뜻하는 한자 오(梧) 자와 역시 오동나무를 뜻하는 한자 동(桐) 자가 합쳐진 것

## 잎

마주나기.
삼각형 또는 오각형이며,
가장자리는 밋밋하다.
3~5갈래로 얕게 갈라지기도 한다.

20%

## 꽃

양성화.
가지 끝에 연한
보라색의 꽃이
모여 피는데,
향기가 있다.
4~5월

## 겨울눈

꽃눈은 둥글고
성목의 꼭대기에 붙는다.
끝눈은 발달하지 않고,
곁눈은 작다.

## 수피

회갈색이고 평활하
며, 껍질눈이 흩어져
있다. 오래되면 세로
로 갈라진다.

## 열매

삭과. 달걀형이고 끈적끈적한
샘털이 많으며, 갈색으로 익는
다. 10~11월

낙엽교목
상록교목
낙엽소교목
상록소교목
낙엽교목
상록교목
낙엽덩굴
상록덩굴

수액을 채취하여 도료용 · 약용 · 식용으로 사용한다

# 옻나무

*Toxicodendron vernicifluum*
[옻나무과 옻나무속]

• 낙엽교목　• 수고 15~20m　• 분포 전국(함북 청천강 이하)에서 재배
• 유래 이 나무의 수액을 옻이라 하는데, 옻을 채취하는 나무라는 뜻으로 붙인 이름

## | 잎

어긋나기.
달걀형의 작은잎이
3~6쌍인 홀수깃꼴겹잎.
잎축에 날개가 없다.

20%

## | 꽃

암꽃차례

수꽃차례

암수딴그루. 줄기 끝의 잎겨드랑이에서 황록색 꽃이 모여 달린다. 5~6월

## | 겨울눈

맨눈이며,
적갈색 털이
빽빽이 나 있다.
끝눈은 물방울형이며,
곁눈은 달걀형이다.

## | 수피

어릴 적에는 회색이며, 오래되면 세로로 얕게 갈라진다.

## | 열매

핵과. 편구형이며, 연황색으로 익는다. 9~10월

'뭇 버들의 왕'이란 뜻을 가지며, 수형이 크고 잎이 넓다

# 왕버들

*Salix chaenomeloides*
[버드나무과 버드나무속]

• 낙엽교목 • 수고 20m • 분포 강원도 이남의 습지나 하천가
• 유래 다른 버드나무류보다 수형이 크고 잎이 넓고 오래 살기 때문에 붙인 이름

## | 잎

어긋나기.
타원형이며, 귀 모양의
턱잎이 1쌍 붙어있다.

40%

▲ 턱잎

## | 꽃

암꽃차례

수꽃차례

암수딴그루. 암수꽃차례는 좁은 원통형이며, 잎과 동시에 나온다. 4월

## | 겨울눈

물방울형이고,
털이 없다.
눈비늘조각 옆에
이음매가 있다.

## | 열매

삭과. 황색의 달걀형이고, 씨는 흰
털이 있고 바람에 날린다. 5~6월

## | 수피

회갈색이며, 세로로
깊게 갈라지거나 쪼
개진다.

한라산과 두륜산의 자생지가 천연기념물로 지정되어 있다

# 왕벚나무

*Prunus* × *yedoensis*
[장미과 벚나무속]

낙엽교목
상록교목
낙엽소교목
상록소교목
낙엽관목
상록관목
낙엽덩굴
상록덩굴

• 낙엽교목 • 수고 10~15m • 분포 전국적으로 가로수 또는 풍치수로 식재
• 유래 다른 벚나무류에 비해 꽃 모양이 크고 아름답다는 뜻으로 붙인 이름

## | 잎

어긋나기. 달걀 모양의 타원형이며,
가장자리에 예리한 잔톱니가 있다.
잎몸 밑에 보통 0~4개의 꿀샘이 있다.

40%

## | 꽃

양성화. 잎이 나기 전에 연한 홍색
또는 흰색의 꽃이 3~6개씩 모여 핀
다. 3~4월

## | 겨울눈

물방울형이며,
끝이 뾰족하다.
12~16장의 눈비늘조각에
싸여있으며,
부드러운 털이 많다.

## | 수피

가로로 긴 껍질눈이
발달하며, 성장함에
따라 줄기 자체가 융
기한다.

## | 열매

핵과. 구형이며, 흑자색으
로 익는다. 아릿하면서 단
맛이 난다. 5~6월

처음 교잡을 진행한 현신규 교수의 성을 따서 '현사시나무'라고도 한다

# 은사시나무

*Populus tomentiglandulosa*
[버드나무과 사시나무속]

• 낙엽교목 • 수고 20~25m • 분포 전국적으로 널리 식재
• 유래 은백양과 수원사시나무에서 만들어진 인공잡종이기 때문에 붙인 이름

## | 잎

30%

어긋나기.
달걀 모양의 타원형 또는
원형이며, 표면은 짙은 녹색이다.
가장자리에 물결 모양의
얕은 톱니가 있다.

## | 꽃

암꽃차례

수꽃차례

암수딴그루. 긴 원주형이며, 잎보다 먼저 피고 아래
로 처진다. 4~5월

## | 겨울눈

달걀형 또는 구형이며,
흰색 털로 덮여있다.

## | 수피

마름모꼴 껍질눈이
생기며, 오래되면 불
규칙하게 갈라진다.

## | 열매

삭과. 긴 타원형 또는 원추형이고,
익으면 2갈래로 갈라진다. 5월

1목 · 1과 · 1속 · 1종의 화석식물이며, 생명력이 강하고 오래 사는 장수목

# 은행나무
*Ginkgo biloba*
[은행나무과 은행나무속]

낙엽교목
상록교목
낙엽소교목
상록소교목
낙엽관목
상록관목
낙엽덩굴
상록덩굴

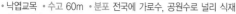

• 낙엽교목 • 수고 60m • 분포 전국에 가로수, 공원수로 널리 식재
• 유래 열매 모양이 작은 살구(杏) 같고, 씨앗껍질이 흰색을 띠기 때문에 붙인 이름

## | 잎

긴가지에는 어긋나며,
짧은가지에는 3~5개씩 돌려난다.
잎 모양이 오리발을 닮아서
압각수라고도 한다.

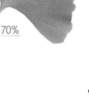

70%

## | 꽃

암그루생식기 · 수그루생식기

암수딴그루. 암수그루의 생식기는 잎이 전개하면서 동
시에 성숙한다. 꽃가루는 꼬리가 달려 있고, 이동할 수
있어서 정충이라고 한다. 4~5월

## | 겨울눈

반구형이고
끝이 뾰족하며,
5~6장의 눈비늘조각에
싸여있다.

## | 수피

회갈색이고 세로로
긴 그물 모양이다. 성
장함에 따라 세로로
갈라지고, 코르크층
이 두껍게 발달한다.

## | 열매

종자는 달걀형이고 노란색으
로 익으며, 계란 썩는 악취를
풍긴다. 9~10월

67

가시가 귀신을 쫓아준다는 믿음 때문에, 마을 수호신으로 심기도 했다

# 음나무

*Kalopanax septemlobus*
[두릅나무과 음나무속]

• 낙엽교목 • 수고 25m • 분포 전국 해안 및 산지의 중턱
• 유래 음나무의 날카로운 가시가 엄(嚴)하게 생겨서 엄나무라 부르다가 음나무로 변한 것

## | 잎

어긋나기.
5~9갈래로 갈라지는 갈래잎이다.
잎을 비비면 특유의 냄새가 난다.

20%

## | 꽃

양성화(가운데), 수꽃(주위)

수꽃

수꽃양성화한그루. 가지 끝에 여러 개의 황백색 수꽃이 모여
달리고, 그 중앙에 양성화(수술기→암술기)가 핀다. 7~8월

## | 겨울눈

끝눈은 반구형~원추형이며,
2~3장의 눈비늘조각에 싸여있다.
눈비늘은 자갈색이며,
광택이 있다.

## | 수피

어릴 때는 회백색이
고 가시가 많다. 자라
면서 가시는 없어지
고 회갈색으로 변하
며, 세로로 깊게 갈라
진다.

## | 열매

핵과. 거의 구형이며, 검은색
으로 익는다. 특유의 맛이 난
다. 9~11월

나무의 형태와 잎이 오동나무를 닮아, 산오동(山梧桐)이라고도 부른다

# 이나무

*Idesia polycarpa*
[산유자나무과 이나무속]

낙엽교목
상록교목
낙엽소교목
상록소교목
낙엽관목
상록관목
낙엽덩굴
상록덩굴

• 낙엽교목 • 수고 10~15m • 분포 전라도 및 제주도의 산지 • 유래 '의자 나무'라는 뜻의 중국 이름 의수(椅樹)를 빌려와, 쉽게 발음할 수 있도록 변화시킨 것

## | 잎

어긋나기. 잎 모양은 하트형이며,
잎맥은 밑부분에서 5갈래로 갈라진다.
붉고 긴 잎자루에는
꿀샘이 여러 개 있다.

50%

## | 꽃

암꽃    수꽃

암수딴그루. 새가지 끝이나 잎겨드랑이에 황록색의 꽃이 모여 핀다. 4~5월

## | 열매

장과. 구형이고 포도송이처럼 달리며,
붉은색으로 익는다. 10~11월

## | 수피

회백색이며, 갈색의
껍질눈이 많다. 성장
하더라도 그다지 큰
변화는 나타나지 않
는다.

## | 겨울눈

끝눈은 반구형이며,
7~10장의 눈비늘조각에
싸여있다.
표면에 수지가 있어
끈적끈적하다.

꽃이 피는 모양을 보고, 그해 벼농사의 풍흉을 예측했다

# 이팝나무

*Chionanthus retusus*
[물푸레나무과 이팝나무속]

- 낙엽교목  • 수고 10~20m  • 분포 중부 이남의 산야에서 자람
- 유래 소복한 꽃송이가 흰 쌀밥처럼 보여서 '이밥나무'라 부르다가 이팝나무로 변한 것

## | 잎

마주나기.
넓은 달걀형이며,
가장자리는 밋밋하지만,
어린 잎에는 잔톱니가
난 것도 있다.

100%

## | 꽃

양성화

수꽃

수꽃양성화딴그루. 전년지 끝에 흰색 꽃이 모여 피는데, 좋은
향기가 난다. 5~6월

## | 겨울눈

가지 끝에
원뿔형의
끝눈이 1개 붙고,
좌우로 곁눈이
마주난다.

## | 수피

짙은 회갈색이며, 성
장함에 따라 세로로
갈라지고 코르크질이
발달한다.

## | 열매

핵과. 달걀형 또는 넓은 타원
형이며, 흑자색 또는 흑색으로
익는다. 9~10월

낙엽교목
상록교목
낙엽교목
상록소교목
낙엽관목
상록관목
낙엽덩굴
상록덩굴

다른 목련류에 비해 키도, 잎도, 꽃도 크다

# 일본목련

*Magnolia obovata*
[목련과 목련속]

• 낙엽교목 • 수고 20m • 분포 중부 이남에 공원수, 정원수로 식재
• 유래 일본에서 들어온 목련이라는 뜻에서 붙인 이름

## | 잎

어긋나기. 가지 끝에 모여 나며,
목련과 중에서 가장 큰 잎을 가지고 있다.

20%

## | 꽃

양성화. 잎이 난 후에 가지 끝에 황백색
꽃이 1개씩 위를 향해 핀다. 강한 향기가
난다. 5~6월

### | 겨울눈

끝눈은 아주 크며,
2장의 큰 가죽질
눈비늘조각에
싸여있다.

## | 수피

회백색이고 원형의
껍질눈이 많으며, 매
끈한 편이다.

## | 열매

골돌과. 긴 타원꼴 원
기둥형이고 적갈색으
로 익는다. 9~10월

침엽수인 소나무류 가운데서 겨울에 잎이 떨어지는 유일한 수종

# 일본잎갈나무
*Larix kaempferi*
[소나무과 잎갈나무속]

• 낙엽교목 •수고 30m •분포 전국 산지에 조림수, 용재수로 식재
• 유래 일본에서 들여왔으며, 침엽수이면서 잎을 가는(낙엽이 지는) 나무라는 뜻에서 붙인 이름

## | 잎

선형이며, 밝은 녹색을 띤다.
긴가지에는 1개씩 나지만,
짧은가지에는
20~30개씩 모여난다.

## | 꽃

암꽃차례

수꽃차례

암수한그루. 암꽃차례는 타원형이고 연한 홍색을 띠며, 수꽃
차례는 구형이고 황갈색을 띤다. 4~5월

100%

## | 열매

구과. 달걀상 원형이며, 위를
향해 달린다. 9월

## | 겨울눈

달걀형 또는 구형이
며, 황갈색 또는 적갈
색을 띤다.

## | 수피

갈색이고 얇은 조각으
로 벗겨져 떨어진다.

이화(李花), 즉 자두꽃은 조선시대 왕실을 상징하는 꽃

# 자도나무

*Prunus salicina*
[장미과 벚나무속]

낙엽교목
상록교목
낙엽소교목
상록소교목
낙엽관목
상록관목
낙엽덩굴
상록덩굴

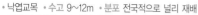

• 낙엽교목 • 수고 9~12m • 분포 전국적으로 널리 재배
• 유래 자홍색을 띠는 복숭아라는 뜻의 자도(紫桃)에서 유래된 이름

## | 잎

어긋나기.
거꿀피침형이며,
잎의 윗부분이 최대 폭이다.
잎자루에 2~5개의
꿀샘이 있다.

100%

## | 꽃

양성화.
잎이 완전히
나오기 전에,
가지마다 흰색 꽃이
흔히 3개씩 핀다.
4~5월

## | 겨울눈

꽃눈은 짧은 물방울형이고,
잎눈은 짧은 원추형이다.
6~8장의 눈비늘조각에 싸여있으며,
가로덧눈이 있기도 하다.

## | 수피

어릴 때는 짙은 자갈
색이며, 광택이 난다.
성장함에 따라 세로
로 불규칙하게 갈라
진다.

## | 열매

핵과. 구형이며, 붉은색으로
익는다. 표면에 흰색 분이 약
간 생긴다. 6~7월

73

경주 천마총의 천마도는 자작나무 껍질에 그려져 있다

# 자작나무

*Betula pendula*
[자작나무과 자작나무속]

• 낙엽교목 • 수고 10~25cm • 분포 평북, 함북, 함남의 높은 지대
• 유래 나무에 기름 성분이 많아서 불에 탈 때, '자작자작' 소리를 내기 때문에 붙인 이름

## | 잎

어긋나기.
삼각상의 넓은
달걀형이며,
가장자리에
겹톱니가 있다.
짧은 가지에서는
2장씩 모여 달린다.

50%

## | 꽃

암수한그루.
잎과 함께 꽃이 피며,
암꽃차례는 햇가지에
수꽃차례는
전년지에 달린다.
4~5월

암꽃차례(상), 수꽃차례(하)

## | 겨울눈

잎눈과 암꽃눈은
비늘눈이고
긴 달걀형이다.
수꽃눈은 맨눈 상태로
겨울을 난다.

## | 열매

견과. 열매이삭은 원
통형이고 아래를 향해
달리며, 다갈색으로
익는다. 9~10월

## | 수피

성장함에 따라 수피
전체가 백색으로 변
하며, 종잇장처럼 옆
으로 벗겨진다.

낙엽교목
상록교목
낙엽소교목
상록소교목
낙엽관목
상록관목
낙엽덩굴
상록덩굴

중국이 원산지이며, 중국주엽나무라고도 부른다

# 조각자나무
*Gleditsia sinensis*
[콩과 주엽나무속]

• 낙엽교목 • 수고 20~30m • 분포 전국적으로 드물게 식재
• 유래 이 나무와 비슷한 주엽나무의 가시를 조각자(皂角刺)라고 한 것에서 유래

## | 잎

어긋나기.
긴 타원형의 작은잎이
6~12쌍인 짝수깃꼴겹잎이며,
잎축에 홈이 있다.

70%

## | 꽃

암꽃　수꽃

암수한그루. 녹황색 꽃이 수상꽃차례로 모여 달린
다. 5~6월

## | 열매

협과. 콩꼬투리 모양이며, 곧
거나 살짝 비틀린다. 9~10월

## | 겨울눈

달걀형이며,
끝이 뾰족하고
세로덧눈이 붙는다.

## | 수피

회갈색이며 작은 껍
질눈과 함께 사마귀
모양의 큰 껍질눈이
발달한다.

75

나뭇잎 끝이 까마귀의 부리를 닮아서 오구(烏口)나무라고도 한다

# 조구나무

*Triadica sebifera*
[대극과 조구나무속]

• 낙엽교목 • 수고 10~15m • 분포 전남, 제주도에 드물게 식재
• 유래 나뭇잎의 끝부분이 새의 부리를 닮았다 하여 붙인 이름

## | 잎

어긋나기.
마름모꼴이며, 잎끝이
새부리(鳥口)처럼
뾰족하다(이름의 유래).

50%

## | 꽃

수꽃차례(상), 암꽃차례(하)

수꽃차례

암수한그루. 윗부분에 10~15개의 수꽃이 달리고, 밑부분에는
2~3개의 암꽃이 달린다. 7~8월

## | 열매

삭과. 삼각꼴 구형이고 갈색을
띤다. 익으면 3갈래로 갈라지
고 그 안에 3개의 씨가 있다.
10~11월

## | 겨울눈

작고 둥근꼴 삼각형이며,
2~4장의 눈비늘조각에
싸여있다.

## | 수피

회갈색이며, 잔가지
는 껍질눈이 많다. 성
장함에 따라 세로로
갈라지고, 작은 조각
으로 벗겨진다.

76

묵을 쑤어 먹는 참나무 열매 중 가장 맛이 좋다

# 졸참나무

*Quercus serrata*
[참나무과 참나무속]

낙엽교목
상록교목
낙엽소교목
상록소교목
낙엽관목
상록관목
낙엽덩굴
상록덩굴

• 낙엽교목 • 수고 30m • 분포 전국에 분포. 주로 중부 이남의 낮은 산지
• 유래 잎과 열매가 참나무 중에서 가장 작다는 뜻으로 붙인 이름

## | 잎

어긋나기.
거꿀달걀형이며, 가장자리에
뾰족한 톱니가 잎끝을 향해 나 있다.
참나무류 중에서
잎이 가장 작다.

50%

## | 꽃

암꽃차례          수꽃차례

암수한그루. 잎이 나면서 동시에 황록색의
꽃이 핀다. 암꽃차례는 곧추 서고, 수꽃차례
는 아래로 처진다. 4~5월

## | 열매

견과. 긴 타원형이며, 각두
와 각두의 인편 길이는 참
나무류 중에서 가장 짧다.
9~10월

## | 겨울눈

물방울형 또는
달걀형이며,
20~25장의
눈비늘조각이
겹쳐서 난다.
끝눈 주위에
여러 개의
곁눈이 붙는다.

## | 수피

회갈색 또는 회색이
고 세로로 불규칙하
게 갈라진다. 성장함
에 따라 표면이 융기
한다.

77

콩꼬투리 모양의 열매는 독특한 형태로 뒤틀려있다

# 주엽나무 *Gleditsia japonica* [콩과 주엽나무속]

• 낙엽교목 • 수고 15~20m • 분포 전국의 낮은 지대 계곡 및 하천 가장자리
• 유래 열매가 익으면 내피 속에 잼같이 끈적끈적한 것이 들어있는데, 이것을 조협(皁莢)이라
부르던 것에서 주엽나무가 된 것

## | 잎

어긋나기.
5~12쌍의 작은잎으로
이루어진 짝수깃꼴겹잎이다.
작은잎은 좌우비대칭이다.

30%

## | 수피

회갈색이며, 사마귀
모양의 껍질눈이 발
달한다. 가시는 두드
러지게 나타나지만
점차 감소한다.

## | 꽃

암꽃차례            수꽃차례

암수한그루(간혹 암수딴그루). 녹황색 꽃이 수상꽃차례로 모여
달린다. 5~6월

## | 겨울눈

햇가지에 난 곁눈 중에서
위의 것은 가시,
아래 것은 겨울눈이 된다.

## | 열매

협과. 납작하고 불규칙하게 비
틀려 꼬인 모양이다. 9~10월

중국이 원산지이며, 세계 도처에서 풍치수로 심는다

# 중국굴피나무 *Pterocarya stenoptera*
[가래나무과 개굴피나무속]

낙엽교목
상록교목
낙엽소교목
상록소교목
낙엽관목
상록관목
낙엽덩굴
상록덩굴

• 낙엽교목 • 수고 30m • 분포 전국에 공원수 및 정원수로 식재
• 유래 굴피나무 종류이면서, 원산지가 중국이기 때문에 붙인 이름

## | 잎

어긋나기. 4~12쌍의 작은잎으로 이루어진
홀수깃꼴겹잎이다. 잎축에 좁은 날개가 있다.

20%

## | 꽃

암수한그루.
암꽃차례는
새가지 끝에서,
수꽃차례는
전년지의
잎겨드랑이에서
아래로 드리운다.
4~5월

암꽃차례(좌)와 수꽃차례(우)

## | 겨울눈

처음에는 눈비늘이 있지만,
곧 떨어져서 맨눈이 된다.
눈자루가 있으며, 갈색 털로 덮여있다.

## | 수피

회갈색이며, 코르크
층이 발달한다. 성장
함에 따라 세로로 긴
그물 모양으로 융기
한다.

## | 열매

견과.
열매이삭은
아래로
드리우며,
갈색으로 익는다.
9~10월

중국 동남부가 원산지이며, 당단풍나무와는 전혀 다른 수종

# 중국단풍

*Acer buergerianum*
[단풍나무과 단풍나무속]

• 낙엽교목 • 수고 15~20m • 분포 전국에 가로수나 공원수로 식재
• 유래 단풍나무 종류이면서, 중국이 원산지라서 붙인 이름

## | 잎

마주나기.
오리발 모양으로 3갈래로
갈라진 갈래잎이다.

60%

## | 꽃

양성화

수꽃

수꽃양성화한그루. 새가지 끝에 황록색 꽃이 산방꽃차례로 모여 핀다. 4~5월

## | 겨울눈

물방울형이고 끝이 뾰족하며,
18~26장의 눈비늘조각에 싸여있다.

## | 수피

주황빛 회갈색 또는
회갈색이며, 오래되
면 비늘처럼 불규칙
하게 벗겨져서 얼룩
무늬가 생긴다.

## | 열매

시과. 2개의 시과로 이루어져
있으며, 보통 90°이하로 벌어
진다. 9~10월

낙엽교목
상록교목
낙엽소교목
상록소교목
낙엽관목
상록관목
낙엽덩굴
상록덩굴

가을에 꽃이 피기 때문에, 일본 이름은 아키니레(秋楡)

# 참느릅나무

*Ulmus parvifolia*
[느릅나무과 느릅나무속]

• 낙엽교목 • 수고 10~15m • 분포 경기도 이남의 숲 가장자리 및 하천변
• 유래 느릅나무 종류이면서, 유용성이 커서 접두사 '참'을 붙여 만든 이름

## | 잎

어긋나기.
긴 타원형이며,
가장자리에 잔톱니가 있다.
가지 아래로 갈수록 잎이 작아진다.

40%

## | 꽃

양성화.
새 가지의
잎겨드랑이에
3~6개씩
모여 달린다.
9~10월

## | 겨울눈

달걀형이며, 회색 털이 있는
5~8장의 눈비늘조각에 싸여있다.

## | 수피

회녹색 또는 회갈색
이며, 작은 껍질눈이
발달한다. 오래되면
불규칙하게 작은 조
각으로 떨어진다.

## | 열매

시과. 타원형 또는 달걀형이
며, 날개 가운데 씨가 들어있
다. 10~11월

81

봄에 나오는 새순은 두릅과 함께, 봄철 으뜸 먹을거리

# 참죽나무

*Cedrela sinensis*
[멀구슬나무과 참죽나무속]

• 낙엽교목 • 수고 20m • 분포 전국의 민가 주변에 식재 • 유래 스님들이 새잎으로 만든 반찬을
즐겨 먹어서 '진짜 중 나무'라 쓰고 '참중나무'라 하다가 참죽나무가 됨

## | 잎

어긋나기. 5~10쌍의 작은잎을
가진 홀수깃꼴겹잎이다. 가장자리에는
톱니가 성글게 있거나 밋밋하다.

30%

## | 꽃

암수한그루.
새가지 끝에
흰색 꽃이
원추꽃차례로
아래로 드리워 핀다.
6월

꽃차례

## | 겨울눈

끝눈은 크고,
원추형~오각추형이며,
4~7장의 눈비늘조각에
싸여있다.
곁눈은 작고 구형이다.

## | 수피

겉껍질이 세로로 얇
게 갈라져서, 붉은색
껍질이 나타난다.

## | 열매

삭과. 갈색으로 익으며, 5갈래
로 갈라지지만 밑부분은 합쳐
져 있다. 10~11월

여러 개의 가지가 수평으로 돌려나기 때문에 '계단나무'라고도 한다

# 층층나무

*Cornus controversa*
[층층나무과 층층나무속]

- 낙엽교목 • 수고 15~20m • 분포 전국의 산지
- 유래 가지가 수평으로 돌려나서 여러 단의 층을 이루기 때문에 붙인 이름

낙엽교목
상록교목
낙엽소교목
상록소교목
낙엽관목
상록관목
낙엽덩굴
상록덩굴

## | 잎

어긋나기.
달걀형이며,
가장자리는 밋밋하다.
측맥이 잎끝을
향해 둥글게
뻗어 있다.

30%

## | 꽃

양성화. 새가지 끝에 자잘한 흰색 꽃이 모여 핀다. 5~6월

## | 겨울눈

짙은 홍자색의
긴 달걀형이며,
광택이 있다.
5~8장의
눈비늘조각에
싸여있다.

## | 수피

회갈색 또는 짙은 회색이며 껍질눈이 있다. 성장함에 따라 세로로 얕게 갈라진다.

## | 열매

핵과. 구형이며, 흑자색으로 익는다. 쓴맛이 난다. 9~10월

열매껍질에 가시가 없으면 칠엽수, 있으면 마로니에

# 칠엽수

*Aesculus turbinata* [칠엽수과 칠엽수속]

• 낙엽교목  • 수고 20~30m  • 분포 전국적으로 공원수, 가로수, 녹음수로 식재
• 유래 작은잎이 대체로 7장 모여 손바닥 모양의 나뭇잎을 이루기 때문에 붙인 이름

## | 잎

마주나기.
5~9장의 작은잎을
가진 손꼴겹잎이다.
작은잎은 잎자루가 없으며,
가운데 잎이 가장 크다.

20%

## | 꽃

꽃차례

양성화

수꽃양성화한그루.
흰색 또는 연한 황색의
꽃이 모여 피며,
대부분 수꽃이고
꽃차례 아래쪽에
적은 수의
양성화가 핀다.
4~5월

수꽃

## | 겨울눈

표면에 물엿같은
수지가 분비되어
있어
끈적끈적하다.
8~14장의
눈비늘조각에
싸여있다.

## | 수피

흑갈색 또는 회갈색이
며, 세로로 파도 모양
의 갈색 줄이 있다.
성장함에 따라 가늘게
갈라져서 벗겨진다.

## | 열매

삭과. 거꿀원추형이며, 갈색으
로 익는다. 표면에 미세한 돌
기가 있고, 3갈래로 갈라진다.
9~10월

산성토양에서 잘 견디며, 화강암지대에서 널리 자란다

# 팥배나무

*Sorbus alnifolia*
[장미과 마가목속]

낙엽교목
상록교목
낙엽교목
상록소교목
낙엽관목
상록관목
낙엽덩굴
상록덩굴

• 낙엽교목 • 수고 15~20m • 분포 전국의 산지
• 유래 배나무 꽃과 비슷한 흰색의 꽃이 피고, 열매가 팥알을 닮아서 붙인 이름

## 잎

어긋나기.
달걀형 또는 거꿀달걀형이며,
가장자리에 불규칙한 겹톱니가 있다.

60%

## 꽃

양성화.
잎이 나면서,
새가지 끝에
5~12개의
흰색 꽃이
모여 핀다.
4~5월

## 겨울눈

물방울형이며,
자갈색을 띤다.
5~6장의
눈비늘조각에
싸여있다.

## 열매

이과. 구형이며, 황적색 또는
적색으로 익는다.
단맛이 난다. 9~10월

## 수피

흑회색 또는 회갈색
이고 흰색의 껍질눈
이 발달한다. 오래되
면 세로로 얕게 갈라
진다.

느티나무 · 느릅나무 · 푸조나무 · 시무나무와 함께 느릅나무과의 장수목

# 팽나무

*Celtis sinensis*
[팽나무과 팽나무속]

• 낙엽교목  • 수고 20m  • 분포 전국적으로 분포하며, 주로 바닷가 및 남부 지방
• 유래 열매가 팽총의 총알로 사용되었으며, 새총을 쏘면 '팽~' 하고 날아간다 하여 붙인 이름

## | 잎

어긋나기.
넓은 타원형이며,
잎의 상반부에만 톱니가 있다.

50%

## | 꽃

양성화

수꽃

수꽃양성화한그루. 잎이 나면서, 황록색 꽃이 함께 핀다. 수꽃은 가지 아래쪽에 달리고, 양성화는 가지의 위쪽 잎겨드랑이에 달린다. 4~5월

## | 겨울눈

원뿔형이고 끝이 조금 뾰족하다.
가로덧눈은 곁눈 좌우의
첫 번째 눈비늘조각 안에 들어있다.

## | 수피

회색이며, 세로줄이
있고 평활하다. 성장
함에 따라 눈금같은
가로줄이 생긴다.

## | 열매

핵과. 구형이며, 황적색으
로 익는다. 감 맛이 난다.
9~10월

낙엽교목
상록교목
낙엽소교목
상록소교목
낙엽관목
상록관목
낙엽덩굴
상록덩굴

잎 표면에 규산을 함유한 털이 있어서, 촉감이 꺼칠꺼칠하다

# 푸조나무

*Aphananthe aspera*
[팽나무과 푸조나무속]

• 낙엽교목 • 수고 20~30m • 분포 전남, 경남의 도서지역, 제주도, 울릉도
• 유래 검푸르게 익은 대추를 '푸른 대추'라 하여 풀조 또는 풋조라고 불렀는데, 검푸르게 익은 이 나무의 열매가 이와 비슷하다 하여 붙인 이름

## | 잎

어긋나기.
달걀형 또는 긴 타원형이며,
잔톱니가 있다.
잎 표면은 매우
꺼칠꺼칠하다.

50%

## | 꽃

암꽃

수꽃

암수한그루. 잎이 나면서, 황록색 꽃이 함께 핀다.
4~5월

## | 겨울눈

물방울형이며, 6~10장의
눈비늘조각에 싸여 있다.
가로덧눈이 붙기도 한다.

## | 수피

회갈색이며 세로로
가는 줄이 있다. 성장
함에 따라 얇은 조각
이나 비늘 모양으로
벗겨진다.

## | 열매

핵과. 구형 또는 달걀형이며,
검은색으로 익는다. 감 맛이
난다. 9~10월

나뭇잎이 풍나무는 3갈래, 미국풍나무는 5갈래로 갈라진다

# 풍나무

*Liquidambe formosana*
[알틴지아과 풍나무속]

• 낙엽교목 • 수고 20~40m • 분포 전국에 가로수 및 공원수로 식재
• 유래 중국에서는 풍향수(楓香樹)라고도 부르는데, 향기가 나는 단풍나무라는 뜻이다.

## | 잎

어긋나기.
넓은 달걀형 손바닥꼴이며,
3갈래로 갈라진다.

30%

미국풍나무(*L. styraciflua*)

## | 꽃

수꽃차례(좌)과 암꽃차례(우)

암수한그루. 암꽃차례는 구형이고 붉은빛
을 띠며, 수꽃차례는 구형의 꽃차례가 다
시 총상꽃차례로 붙는다. 4월

## | 겨울눈

달걀형 또는
긴 달걀형이며,
끝이 뾰족하다.
15~18장의
눈비늘조각에
싸여 있다.

## | 수피

녹색을 띤 암회색이
고 털이 있으나, 오래
되면 세로로 얕게 갈
라진다.

## | 열매

취과. 밤송이 모양이며, 겨울에
도 나무에 달려있다. 9~10월

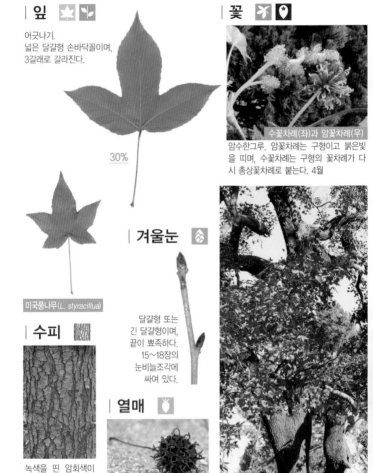

꽃이 많이 피며, 꽃에는 꿀이 많아 밀원식물로 유명하다

# 피나무

*Tilia amurensis* [피나무과 피나무속]

낙엽교목
상록교목
낙엽소교목
상록소교목
낙엽관목
상록관목
낙엽덩굴
상록덩굴

• 낙엽교목 • 수고 20m • 분포 전국의 산지
• 유래 나무껍질을 섬유로 사용했기 때문에, 피목(皮木)이라 부르다가 피나무가 된 것

## | 잎

어긋나기.
하트 모양이며, 잎맥 겨드랑이에
갈색털이 뭉쳐있다.

20%

## | 꽃

양성화. 흰색 꽃이 잎겨드랑이
에 3~20개 정도 모여 달린다.
6~7월

## | 겨울눈

약간 비뚤어진 달걀형이며,
2장의 눈비늘조각에 싸여 있다.
털은 없다.

## | 열매

포

열매

## | 수피

회색 또는 회갈색이
며, 성장하면 세로로
얇게 갈라진다.

견과. 구형 또는 달걀형이며,
불명확하게 각이 진다.
포가 달려 있다. 9~10월

열매는 지구자(枳椇子)라 하며, 술독을 푸는 효능이 뛰어나다

# 헛개나무

*Hovenia dulcis*
[갈매나무과 헛개나무속]

• 낙엽교목 • 수고 10~15m • 분포 황해도 및 경기도 이남의 산지
• 유래 열매가 숙취해소에 효과가 있기 때문에, '술 마신 것이 헛것이 되어버린다' 해서 붙인 이름

## | 잎

어긋나기.
넓은 달걀형이며,
잎몸 밑부분이 삼각형으로 돌출해있다.

60%

## | 꽃

양성화.
백색 또는
연한 황록색의
꽃이 취산꽃차례로
모여 달린다.

## | 겨울눈

달걀형 또는
구형이며,
2~3장의
눈비늘조각에
싸여있다.
6~7월

## | 열매

핵과. 구형이며, 자갈색으로 익는다. 9~10월

## | 수피

흑갈색이며, 세로로
가늘게 갈라지고 가로
로 쪼개지기도 한다.

90

낙엽교목
상록교목
낙엽소교목
상록소교목
낙엽관목
상록관목
낙엽덩굴
상록덩굴

천안 광덕사에 호두나무 시배지(始培地)가 있다

# 호두나무
*Juglans regia*
[가래나무과 가래나무속]

• 낙엽교목 • 수고 10~20m • 분포 경기도 이남에서 재배
• 유래 오랑캐(胡) 나라에서 들어온 복숭아(桃)처럼 생긴 열매라는 뜻에서 붙인 이름

## | 잎

어긋나기.
2~3쌍의 작은잎을
가진 홀수깃꼴겹잎이다.
작은잎은 밑으로
내려갈수록 작아진다.

20%

## | 꽃

암꽃차례

수꽃차례

암수한그루. 암꽃차례는 새가지에 위를 향해 달리고, 수
꽃차례는 전년지에 아래를 향해 달린다. 4~5월

## | 겨울눈

끝눈과 수꽃차례의
꽃눈은 원추형이며,
2~3장의
눈비늘조각에
싸여있다.
암꽃차례의 꽃눈은
맨눈이다.

## | 열매

견과. 구형이며, 녹갈색으로
익는다. 9~10월

## | 수피

회백색이며, 처음에
는 평활하지만, 오래
될수록 세로로 깊게
갈라진다.

91

나무의 속껍질이 노랗기 때문에 황경피나무라도 한다

# 황벽나무

*Phellodendron amurense*
[운향과 황벽나무속]

• 낙엽교목 • 수고 10~20m • 분포 제주도와 전남을 제외한 전국의 산지
• 유래 나무줄기의 속껍질이 황색인 데서 유래된 이름

## | 잎

마주나기. 3~6쌍의 작은잎을
가진 홀수깃꼴겹잎이다.
작은잎은 타원형이며,
끝이 길게 뾰족하다.

20%

◀ 내피

## | 꽃

암꽃

수꽃

암수딴그루. 새가지 끝에서 나온 원추꽃차례에 황록색 꽃이
모여 핀다. 5~6월

## | 열매

핵과. 구형이며, 검은색으로
익는다. 겨울 동안에도 달려있
다. 9~10월

## | 겨울눈

반구형이며, 2장의 눈비늘
조각에 싸여있다. 부푼 잎자
루 끝에 겨울눈이 들어 있
다(엽병내아).

## | 수피

회색이며, 성장함에
따라 세로로 갈라진
다. 내피는 황색이며
(이름의 유래), 약용
한다.

92

낙엽교목
상록교목
낙엽소교목
상록소교목
낙엽관목
상록관목
낙엽덩굴
상록덩굴

중국에서는 학자수라 하며, 영어 이름은 스칼라 트리(Scholar tree)

# 회화나무

*Sophora japonica*
[콩과 회화나무속]

• 낙엽교목 • 수고 25~30m • 분포 전국에 정원수, 가로수로 식재 • 유래 중국 이름은 괴화(槐花)인데, '괴(槐)'의 중국발음이 '홰' 또는 '회'여서 회화나무가 된 것

## | 잎

어긋나기.
4~8쌍의 작은잎을
가진 홀수깃꼴겹잎이다.
아까시나무 잎과는 달리
잎끝이 뾰족하다.

20%

## | 꽃

양성화.
새가지 끝에
황백색 꽃이
모여 핀다.
7~8월

## | 겨울눈

겨울눈은 잎자국 아래
숨어 있으며,
흑갈색 털로 덮인
일부가 보인다(반묻힌눈).

## | 수피

어릴 때는 진한 녹색
이며, 갈색의 껍질눈
이 많다. 오래되면 회
갈색이 되며, 세로로
깊게 갈라진다.

## | 열매

협과. 염주처럼 잘록잘록한 긴
타원형이며, 익어도 벌어지지
않는다. 10~11월

# 상록교목

성장하면 수고가 8m이상이고 주간과
가지의 구별이 비교적 뚜렷하며,
겨울에 잎이 지지 않는 나무

참나무과 참나무속의 상록 참나무

# 가시나무

*Quercus myrsinaefolia*
[참나무과 참나무속]

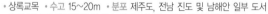

- 상록교목 • 수고 15~20m • 분포 제주도, 전남 진도 및 남해안 일부 도서
- 유래 임금님 행차에서 깃대로 쓰던 나무인 가서목(哥舒木)에서 가서나무를 거쳐 가시나무로 불린다. 또는 일본어 가시(カシ, 樫)와 비슷한 발음에서 유래된 것

## | 잎

어긋나기.
피침형 또는
긴 타원형이며,
잎의 상반부
2/3 이상까지
둔한 톱니가 있다.

60%

## | 꽃

암꽃차례 / 수꽃차례

암수한그루. 수꽃차례는 아래로 드리워 피며, 암꽃차례는 잎겨드랑이에 달린다. 4~5월

## | 열매

견과. 각두의 총포조각은 동심원 상의 띠 모양이며 6~7개의 줄이 있다. 9~10월

## | 수피

검은 회색이고 평활하며, 작은 껍질눈이 세로로 배열한다.

## | 겨울눈

달걀형이며, 눈비늘조각은 서로 포개져있다.

잎이 부드러운 비늘잎만 가진 향나무

# 가이즈카향나무 *Juniperus chinensis* 'Kaizuka'
[측백나무과 향나무속]

• 상록교목 • 수고 10~15m • 분포 일본 원예품종이며, 전국에서 관상수로 식재
• 유래 이 나무가 많이 나는 일본 오사카 남쪽의 가이즈카라는 지방의 이름에서 유래

## 잎

침엽이며,
끝이 둥글고 앞뒤의
구분이 없는 비늘형이다.

100%

## 꽃

암수딴그루.
암꽃이삭은
노란색의 구형이며,
수꽃이삭은
연한 자갈색의
타원형이다.
4월

## 열매

구과. 편구형이며, 흑자색으로
익는다. 다음해 10월

## 수피

연한 갈색 또는 적갈
색이며, 표면은 얇은
리본처럼 벗겨진다.

낙엽교목
상록교목
낙엽교목
상록소교목
낙엽관목
상록관목
낙엽덩굴
상록덩굴

히말라야 산맥 기슭이 원산지이며, 수형이 멋진 나무

# 개잎갈나무

*Cedrus deodara*
[소나무과 개잎갈나무속]

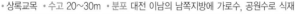

• 상록교목 • 수고 20~30m • 분포 대전 이남의 남쪽지방에 가로수, 공원수로 식재
• 유래 잎갈나무와 비슷하게 생겼지만, 겨울에도 잎이 지지 않기 때문에 붙인 이름

## | 잎

긴가지에는 1개씩 달리지만,
짧은가지에는 30개씩
다발로 모여서 난다.

100%

## | 꽃

암꽃이삭

암수한그루.
꽃이삭은 짧은가지
끝에서 위를
향해서 달린다.
10~11월

수꽃이삭

## | 열매

구과. 달걀형 또는 넓은 타원
형이며, 회갈색으로 익는다.
다음해 9~12월

## | 수피

회갈색을 띠며, 성장
함에 따라 어두운 회
색이 되고 불규칙하
게 갈라진다.

## | 겨울눈

적갈색을 띠며, 둥근꼴 달걀형
이다.

낙엽교목
상록교목
낙엽소교목
상록소교목
낙엽관목
상록관목
낙엽덩굴
상록덩굴

해안가에 많이 분포하므로, 해송(海松)이라고도 부른다

# 곰솔

*Pinus thunbergii*
[소나무과 소나무속]

• 상록교목 • 수고 20~25m • 분포 중남부의 바닷가 및 인근의 산지
• 유래 '수피가 검은 소나무'라는 뜻의 우리말로 '검솔'에서 곰솔로 변한 것

## 잎

한 다발에 2개의
바늘잎이 모여 난다.
잎끝은 뾰족하고
단단하여 찔리면 아프다.

40%

## 꽃

암수한그루.
수꽃이삭은 황색이며,
새가지 아래쪽에
많이 모여 달린다.
암꽃이삭은
자갈색이며,
수꽃차례 위쪽에
2~3개씩 달린다.
4~5월

암꽃이삭(상)과 수꽃이삭(하)

## 겨울눈

은백색이고 원주형이며, 송진이 나온다.
눈비늘조각은 2~3년 동안 남아있다.

## 수피

검은 갈색 또는 짙은
회색을 띠며, 성장함
에 따라 거북 등껍질
모양으로 깊게 갈라
진다.

## 열매

구과. 달걀 모양의 타원형이고
갈색이며, 개화 후 2년에 걸쳐
익는다. 다음해 9월

우리나라 특산나무이며, 크리스마스트리용 나무로 사용된다

# 구상나무

*Abies koreana* [소나무과 전나무속]

• 상록교목 • 수고 15~20m • 분포 우리나라 특산나무로 덕유산, 지리산, 한라산에 분포
• 유래 새 가지에 돋아난 잎들이 쿠살(성게)처럼 생겨서 붙인 이름

## | 잎

비늘 모양의 잎이
가지나 줄기에 돌려난다.
뒷면에 2줄의 흰색 숨구멍줄이 있다.

70%

## | 꽃

암꽃이삭

수꽃이삭

암수한그루. 암꽃이삭은 긴 타원형이며, 곧추 서서 달린다. 수꽃이삭은 타원형이며, 대개 아래를 향해 달린다. 4~5월

## | 열매

구과. 원통형이며, 녹갈색 또는
자갈색으로 익는다. 9~10월

## | 수피

회갈색에서 점차 검
은 초록빛 갈색으로
변한다. 어려서는 편
평하고 매끄럽지만
커감에 따라 거칠어
진다.

## | 겨울눈

달걀 모양의 원형이며, 약간의
수지가 배어 나온다.

낙엽교목
상록교목
낙엽소교목
상록소교목
낙엽관목
상록관목
낙엽덩굴
상록덩굴

먹을 수 있는 달걀 모양의 도토리가 열리는 나무

# 구실잣밤나무 *Castanopsis sieboldii*
[참나무과 모밀잣밤나무속]

• 상록교목 • 수고 15m • 분포 서·남해안 도서 및 제주도의 산지
• 유래 잣처럼 생긴 작은 밤이 열리는데, 밤의 모양이 구슬과 비슷하여 붙인 이름

## | 잎

어긋나기.
잎몸은 가죽질이고
앞면에는 광택이 있다.
뒷면에 은갈색의 털이 많다.

60%

## | 꽃

암꽃차례          수꽃차례

암수한그루. 암꽃차례는 새가지 윗부분의 잎겨드랑이에
달리고, 수꽃차례는 새가지 밑부분의 잎겨드랑이에 달
린다. 5~6월

## | 열매

견과. 달걀꼴 긴 타원형이며,
3갈래로 갈라진다. 식용할 수
있다. 다음해 9~10월

## | 수피

검은 회색을 띠며, 매
끄러운 편이나 성장
함에 따라 세로로 골
이 생긴다.

## | 겨울눈

약간 편평한 긴 타원형이며,
눈비늘조각에 싸여있다.

101

일본 특산종이며, 원추형의 수형이 아름답다

# 금송

*Sciadopitys verticillata* [금송과 금송속]

• 상록교목 • 수고 20~30m • 분포 전국적으로 공원수, 정원수로 식재 • 유래 잎 뒷면이 황백색 골을 띠는 데서 '금(金)'자가 붙고, 솔잎 같은 잎이 달린다 하여 '송(松)'자가 더해서 된 이름

## | 잎

잎이 짧은가지 끝에는 15~40개씩 묶음으로 돌려난다. 잎뒷면에 흰색 숨구멍줄이 있다.

20%

## | 꽃

암꽃이삭

수꽃이삭

암수한그루. 가지 끝에 타원형의 꽃이삭이 달린다. 색은 모두 갈색에 가깝다. 3~4월

## | 열매

구과. 달걀꼴 타원형이며, 위로 곧추 서서 달린다. 다음해 10~11월

## | 수피

적갈색이고, 세로로 길게 갈라진다. 표면은 얇은 띠 모양으로 벗겨진다.

## | 겨울눈

적갈색을 띠고 달걀형이며, 새순의 끝에만 달린다.

열매를 두송실이라 하며, 이것으로 술을 담그면 두송주라 한다

# 노간주나무

*Juniperus rigida*
[측백나무과 향나무속]

낙엽교목
상록교목
낙엽소교목
상록소교목
낙엽관목
상록관목
낙엽덩굴
상록덩굴

• 상록교목 • 수고 8~10m • 분포 전국의 건조한 야산 특히 석회암지대
• 유래 한자 이름 노가자(老柯子)가 노간자로 불리다가 다시 노간주로 변한 것

## 잎

바늘 모양의 잎이
3개씩 돌려난다.
잎이 짧고 단단하여
찔리면 아프다.

80%

## 꽃

암꽃이삭     수꽃이삭

암수딴그루(간혹 암수한그루). 수꽃이삭은 타원형이며 황갈색
이고, 암꽃이삭은 구형이며 녹갈색이다. 4월

## 열매

구과. 구형이고 흑자색으로 익
으며, 표면에 백색 분이 돈다.
다음해 10~12월

## 수피

적갈색이며, 세로로
얕게 갈라져 긴 조각
으로 떨어진다.

## 겨울눈

끝이 뾰족하고 연한 초록색이
며, 여러 겹의 눈비늘조각이
떨어져 있다.

103

잎이나 가지를 증류하여, 장뇌(樟腦)라는 천연향료를 얻는다

# 녹나무

*Cinnamomum camphora*
[녹나무과 녹나무속]

• 상록교목 • 수고 30m • 분포 제주도의 계곡에 자생, 남부지방에 식재
• 유래 어린 줄기와 새로 돋은 가지가 녹색을 띠기 때문에 붙인 이름

## | 잎

어긋나며, 잎 모양은 달걀형이다.
잎을 찢으면 장뇌향이 난다.

60%

## | 꽃

양성화.
새가지의
잎겨드랑이에
황백색 꽃이
모여 핀다.
5~6월

## | 열매

핵과. 구형이고 흑자색으로 익
는다. 종자는 구형이고 암갈색
이다. 10~11월

## | 수피

진한 갈색을 띠며, 성
장하면서 코르크층이
발달하고 작은 조각
으로 갈라진다.

## | 겨울눈

달걀형이며, 끝이 뾰족하다.
10개 이상의 붉은색 눈비늘조
각에 싸여있다.

상록수이지만, 오래된 잎은 붉게 물들기도 한다

# 담팔수

*Elaeocarpus sylvestris*
[담팔수과 담팔수속]

낙엽교목
상록교목
낙엽소교목
상록소교목
낙엽관목
상록관목
낙엽덩굴
상록덩굴

• 상록교목 • 수고 10~20m • 분포 제주도 서귀포 등에 드물게 자생
• 유래 여덟 잎 중 하나는 항상 단풍 든 것처럼 붉다고 해서 붙인 이름

## | 잎

어긋나기.
거꿀피침형이며,
잎자루는
붉은 색을 띤다.
소귀나무
잎과 비슷하다.

60%

## | 꽃

양성화. 잎겨드랑이에서 나온 총상꽃
차례에 15~20개의 흰색 꽃이 아래로
향해 핀다. 7~8월

## | 겨울눈

눈비늘이 없는
맨눈이며,
흰색 솜털로
덮여있다.

## | 열매

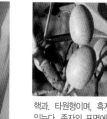

핵과. 타원형이며, 흑자색으로
익는다. 종자의 표면에는 그물
무늬가 있다. 11월~이듬해 2월

## | 수피

회갈색이며, 매끄럽
다. 성장하면서 껍질
눈이 두드러진다.

제주도 및 남부 해안 지역에 가로수로 심는다

# 당종려 *Trachycarpus wagnerianus* 〔야자나무과 당종려속〕

- 상록교목 • 수고 10~15m • 분포 남부지방에서 식재
- 유래 중국이 원산지인 종려나무라는 의미에서 붙인 이름

## | 잎

부채꼴처럼 넓게 펴진다.
종려나무는 잎끝이 처지는 반면,
당종려는 빳빳하다.

30%

## | 꽃

암꽃차례    수꽃차례

암수딴그루. 대형의 원추꽃차례에서 노란색 꽃이
모여 핀다. 6~7월

## | 열매

장과.
편구형이며,
노란색에서
청흑색으로
익는다.
10월

## | 수피

수피의 표면에
잎이 붙어있던 자국이
나선상으로 밀생하며,
암갈색의 거친 털로
덮여있다.

소나무류 중에서 가장 길고 위엄 있는 잎을 달고 있다

# 대왕소나무

*Pinus palustris*
[소나무과 소나무속]

낙엽교목
상록교목
낙엽소교목
상록소교목
낙엽관목
상록관목
낙엽덩굴
상록덩굴

• 상록교목  • 수고 20~30m  • 분포 중부 이남에 식재
• 유래 수형과 잎, 열매가 모두 소나무보다 크기 때문에 붙인 이름

## | 잎

바늘잎이 3개씩 모여 난다.
잎의 길이가 20~40cm로
다른 소나무류에 비해
잎이 길어서
풀처럼 보인다.

30%

## | 꽃

암수한그루.
암꽃이삭은
햇가지의
끝 부분에 달린다.
4~5월

암꽃이삭(상)와
수꽃이삭(하)

## | 열매

구과. 원주형 또는 긴 원통형
이며, 길이는 15~25cm 정도
로 크다. 다음해 8~9월

## | 수피

성장함에 따라 표면
에 붉은색이 증가하
고, 가늘고 긴 비늘
모양으로 갈라져서
떨어진다.

## | 겨울눈

가지 끝에 끝눈과 곁눈이 모여
달린다.

토종 소나무나 곰솔에 비해 강한 생명력을 가진 소나무

# 리기다소나무

*Pinus rigida*
[소나무과 소나무속]

- 상록교목 • 수고 25m • 분포 전국적으로 식재
- 유래 종소명 '리기다(*rigida*)'에서 유래된 것으로 단단한(rigid) 이라는 뜻이다.

| 잎

한 다발에 3개의 바늘잎이 모여난다. 흔히 비틀리며, 줄기에서 짧은 가지가 나와 잎이 달린다.

50%

| 꽃

암꽃이삭 / 수꽃이삭

암수한그루. 암꽃이삭은 달걀형이고 연한 자주색이다. 수꽃이삭은 타원형이고 기부에 모여 달린다. 5월

| 열매

구과. 달걀 모양의 원추형이며, 연한 갈색이고 윤기가 난다. 다음해 9월

| 수피

빨간 갈색에서 검은 갈색으로 변하며, 오래되면 깊고 불규칙하게 골이 패이고 벗겨진다.

| 겨울눈

달걀 모양의 원주형이며, 눈비늘조각은 적갈색이고 끝은 뾰족하다.

108

겨울에도 푸른 잎과 빨간 열매를 달고 있어서, 멀리서도 눈에 잘 띈다

# 먼나무

*Ilex rotunda* [감탕나무과 감탕나무속]

낙엽교목
상록교목
낙엽소교목
상록소교목
낙엽관목
상록관목
낙엽덩굴
상록덩굴

- 상록교목 • 수고 10~20m • 분포 전남 보길도, 제주도의 산지 숲속 및 계곡
- 유래 겨울 내내 붉은 열매가 달린 모습이 멋스러워 '멋나무'라 하다가 먼나무로 변한 것

## | 잎

어긋나기.
타원형이며,
잎자루는 보라색을 띤다.
재질은 가죽질이고
광택이 난다.

80%

## | 꽃

암꽃

수꽃

암수딴그루. 새가지의 잎겨드랑이에서 흰색 또는 연분홍 꽃이
모여 핀다. 5~6월

## | 열매

핵과. 구형이며, 붉은색으로
익는다. 겨울에도 가지에 남
아있다. 11~12월

## | 겨울눈

끝눈은
원뿔형이며,
길이가 1mm
정도로
아주 작다.

## | 수피

녹갈색 또는 짙은 회
색이며 평활하다. 작은
껍질눈이 발달한다.

중국 북부가 원산지이며, 조선시대 사신으로 갔던 관리들이 도입

# 백송

*Pinus bungeana* [소나무과 소나무속]

• 상록교목 • 수고 20~30m • 분포 전국에 정원수, 공원수로 식재
• 유래 소나무속 나무이고, 자라면서 껍질이 벗겨져 회백색을 띠므로 붙인 이름

## | 잎

바늘잎이
3개씩 모여 나며,
다소 뻣뻣하다.

100%

## | 꽃

암꽃이삭　수꽃이삭

암수한그루. 암꽃은 연초록색이고 달걀형, 수꽃은 노란 갈색이고 긴 타원형. 4~5월

## | 열매

구과. 달걀 모양의 원추형이며, 황갈색으로 익는다.　다음해 10~11월

## | 수피

회백색이고 평활하다. 오래되면 불규칙하게 벗겨져 떨어져서, 백색 얼룩이 생긴다.

## | 겨울눈

적갈색의 가는 달걀형이며, 가지의 끝부분에 달린다. 송진은 거의 없다.

열매 속의 씨는, 예로부터 구충제로 널리 사용되었다

# 비자나무

*Torreya nucifera*
[주목과 비자나무속]

낙엽교목
상록교목
낙엽소교목
상록소교목
낙엽관목
상록관목
낙엽덩굴
상록덩굴

• 상록교목 • 수고 10~25m • 분포 전북 내장산 이남에서 제주도까지
• 유래 양쪽으로 뻗은 나뭇잎 모양이 한자 비(非) 자를 닮아서 붙인 이름

## 잎

50%

잎은 아닐 비(非)자
모양으로
좌우로 나란하다
(이름의 유래).
뒷면에 흰색
숨구멍줄이 2줄 있다.

## 꽃

암꽃이삭
수꽃이삭

암수딴그루. 암꽃이삭은 녹색의 달걀형이고, 수꽃이삭은 황갈
색의 타원형이다. 4~5월

## 열매

종자는 거꿀달걀형 또는
타원형이며, 가종피에 완
전히 싸여있다.
다음해 9~10월

## 수피

회갈색 또는 흑갈색
이며, 오래되면 세로
로 얇게 갈라져 긴
조각으로 벗겨진다.

## 겨울눈

꽃눈은 구형 또는 달걀형
이며, 잎겨드랑이에 어긋
나게 달린다.

일본 특산수종이며, 일본 열도 전역에 울창한 숲을 이루어 자란다

# 삼나무

*Cryptomeria japonica*
[측백나무과 삼나무속]

• 상록교목 • 수고 40m • 분포 제주도 및 남부 지방에 방풍림 혹은 조림용으로 식재
• 유래 이 나무의 일본 이름 삼(杉)을 그대로 빌려와서 사용한 것

## | 잎

80%

바늘잎이
나사 모양으로
돌려가며 난다.
잎이 단단해서
찔리면 아프다.

## | 꽃

암꽃차례

수꽃차례

암수한그루. 수꽃은 연한 황색의 타원형이며, 암꽃은 녹색의 구형이다. 3~4월

## | 열매

구과. 구형이며, 갈색으로 익는다. 솔방울조각마다 2~5개의 종자가 들어있다. 10월

## | 수피

적갈색이고 세로로 갈라지며, 오래되면 얇은 띠 모양으로 벗겨진다.

## | 겨울눈

꽃눈

잎눈

전년생 가지 끝에 달리며, 암꽃눈은 위쪽에 수꽃눈은 아래쪽 작은 가지 끝에 달린다.

112

나무껍질은 계피(桂皮), 열매는 계자(桂子)라 하며 약용한다

# 생달나무

*Cinnamomum yabunikkei*
[녹나무과 녹나무속]

낙엽교목
상록교목
낙엽소교목
상록소교목
낙엽관목
상록관목
낙엽덩굴
상록덩굴

• 상록교목 • 수고 15m • 분포 서 · 남해안 도서 지역, 제주도의 낮은 산지 • 유래 좁고 가느다란 잎이 찌(柹)와 비슷하고, 목질은 박달나무(樻)처럼 단단하기 때문에 붙인 이름

## | 잎

어긋나기.
긴 타원형이며,
잎몸 밑부분에서
3개의 잎맥이 갈라진다.

50%

## | 꽃

양성화. 잎겨드랑이에서 연노
랑색 꽃이 산형꽃차례 또는
취산꽃차례로 모여 핀다.
5~6월

## | 열매

핵과. 구형 또는 타원형이며,
자흑색으로 익는다. 10~12월

## | 겨울눈

적갈색의 달걀형이며, 끝이 뾰
족하다.

▲ 새순

## | 수피

회흑색 또는 흑갈색
이고 평활하다.

113

열매는 당도가 높아 생으로 먹거나, 잼·파이·주스 등을 만들어 먹는다

# 소귀나무

*Myrica rubra*
[소귀나무과 소귀나무속]

• 상록교목 • 수고 8~15m • 분포 제주도 서귀포 일대의 하천 부근
• 유래 길쭉한 잎 모양이 소의 귀를 닮아서 붙인 이름

## | 잎

어긋나기.
잎 모양이 소귀를 닮았다(이름의 유래).
길고 가는 잎이 가지 끝에 모여 붙는다.

30%

## | 꽃

암꽃차례

수꽃차례

암수딴그루. 잎겨드랑이에서 꽃차례가 나온다. 암꽃차례는 달
갈 모양의 타원형이며, 수꽃차례는 원주형이다. 3~4월

## | 열매

핵과. 구형이며, 표면에는 오돌
도돌한 돌기가 있다. 새콤달콤
한 맛이 난다. 6~7월

## | 겨울눈

꽃눈

잎눈

끝눈은 눈비늘이 없는 맨눈이다.

## | 수피

회백색 또는 적갈색
이고 껍질눈이 있다.
오래되면 세로로 가
늘고 얕게 갈라진다.

우리나라 국민이 가장 사랑하는 우리 민족의 나무

# 소나무

*Pinus densiflora*
[소나무과 소나무속]

낙엽교목
상록교목
낙엽소교목
상록소교목
낙엽관목
상록관목
낙엽덩굴
상록덩굴

• 상록교목 • 수고 20~35m • 분포 북부 고원지대와 높은 산 정상부를 제외한 전국의 산지
• 유래 으뜸을 뜻하는 우리말 '수리'가 변한 '솔'에서 유래된 이름

## | 잎

한 다발에 2개의 바늘잎이 모여 나며, 곰솔에 비해 촉감이 부드럽다.

40%

## | 꽃

암수한그루. 암꽃이삭은 달걀형이고 진한 자주색이다. 수꽃이삭은 황색이고 여러 개가 모여 달린다. 4~5월

암꽃이삭 / 수꽃이삭

## | 열매

1년 된 열매 / 솔방울(2년 이상)

구과. 달걀 모양의 원추형이며, 갈색으로 익는다. 다음해 9~10월

## | 수피

적갈색이고 얇은 조각으로 불규칙하게 벗겨진다. 오래되면 거북 등껍질처럼 깊게 갈라진다.

## | 겨울눈

달걀꼴 타원형이고, 적갈색을 띤다. 윗부분의 눈비늘은 약간 뒤로 젖혀진다.

울릉도에만 자생하며, 열매가 작고 귀엽다

# 솔송나무

*Tsuga sieboldii*
[소나무과 솔송나무속]

• 상록교목 • 수고 25~30m • 분포 울릉도의 산지 사면
• 유래 소나무를 뜻하는 솔이라는 우리말과 송(松)이라는 한자를 합친 이름

## | 잎

가지에 2줄로 나란히 나며,
잎끝이 둥글고 오목하게 들어간다.

100%

## | 꽃

암꽃이삭

수꽃이삭

암수한그루. 암꽃이삭은 달걀형이고 적갈색이며, 수꽃이삭은
긴 달걀형이고 붉은색이다. 4~5월

## | 수피

적갈색 또는
회갈색이고,
오래되면
세로로
벗겨져
떨어진다.

## | 열매

구과. 타원형 또는 달걀형이며,
갈색으로 익는다. 10월

## | 겨울눈

달걀 모양의 원형이며, 눈비늘
로 덮여있다. 털이 없고 약간
광택이 난다.

잣나무의 일종이며, 한 다발에 5개의 잎이 뭉쳐난다

# 스트로브잣나무 *Pinus strobus*
[소나무과 소나무속]

낙엽교목
상록교목
낙엽소교목
상록소교목
낙엽관목
상록관목
낙엽덩굴
상록덩굴

• 상록교목 • 수고 50m • 분포 전국의 공원 및 고속도로변에 식재
• 유래 솔방울을 뜻하는 종소명 스트로부스(*strobus*)에서 유래된 이름

## | 잎

1다발에 5개의
바늘잎이 모여 난다.
짙은 녹색
또는 회녹색이며,
촉감이 부드럽다.

60%

## | 꽃

암꽃이삭

수꽃이삭

암수한그루. 암꽃이삭은 타원형이고 새가지 끝에 달린다. 수꽃
이삭은 황갈색이고 새가지 아래쪽에 여러 개가 모여 달린다.
5월

## | 열매

구과. 긴 원통형이며, 녹
색에서 갈색으로 익는다.
다음해 9월

## | 수피

회갈색이며 어릴 때
는 매끈한 편이며, 오
래되면 세로로 불규
칙하게 갈라진다.

## | 겨울눈

밝은 적갈색이며, 달걀
모양의 원추형이다.
수지가 약간 있다.

잎이 두껍고 수분을 많이 포함하고 있어서 방화수로 적합하다

# 아왜나무  *Viburnum odoratissimum var. awabuki*
[산분꽃나무과 산분꽃나무속]

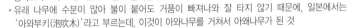

• 상록교목 • 수고 6~12m • 분포 남해안 및 제주도의 낮은 지대 숲속
• 유래 나무에 수분이 많아 불이 붙어도 거품이 빠져나와 잘 타지 않기 때문에, 일본에서는
  '아와부키(泡吹木)'라고 부르는데, 이것이 아왜나무를 거쳐서 아왜나무가 된 것

## | 잎

마주나기.
잎이 두껍고, 가장자리에는
얕은 톱니가 있거나 밋밋하다.
수분을 많이 포함하고 있다.

40%

## | 꽃

양성화.
보통 2쌍의
잎이 있는
새가지 끝에서
흰색 꽃이
모여 핀다.
6~7월

## | 열매

핵과. 타원형 또는 달걀형이며,
붉은색에서 검은색으로 익는
다. 8~9월

## | 겨울눈

피침형이고 털이 없다.
4~6장의 눈비늘조각에 싸여
있다.

## | 수피

유목은 회갈색~회색
이고, 적갈색의 껍질
눈이 많다.

1다발에 5개의 잎이 모여 나므로 오엽송이라 한다

# 오엽송

*Pinus parviflora* [소나무과 소나무속]

• 상록교목 • 수고 30m • 분포 전국적으로 정원수로 식재
• 유래 소나무속이며, 한 다발에 다섯 개의 잎이 모여 난다 하여 붙인 이름

## | 잎

1다발에 5개의 바늘잎이
모여난다(이름의 유래).
양면에 흰색
숨구멍줄이 있다.

100%

## | 꽃

암꽃이삭 / 수꽃이삭

암수한그루. 새가지 끝에 암꽃이삭, 새가지 밑에 수꽃이삭이
모여 달린다. 6월

## | 열매

구과. 달걀형이며, 익으면서
녹색에서 갈색으로 변한다.
다음해 9월

## | 수피

성장함에 따라 암갈
색 또는 회흑색이 되
며, 세로로 불규칙하
게 벗겨진다.

## | 겨울눈

끝눈은 달걀형으로 거의 길쭉
하다. 수지가 없거나 약간 있
기도 하다.

낙엽교목
상록교목
낙엽소교목
상록소교목
낙엽관목
상록관목
낙엽덩굴
상록덩굴

다른 대나무보다 더 높이 자라고 굵기도 굵다

# 왕대

*Phyllostachys bambusoides* [벼과 왕대속]

• 상록교목 • 수고 20mm • 분포 중부 이남에서 식재
• 유래 다른 대나무보다 크기 때문에, 혹은 쓰임새가 많아서 붙인 이름

## | 잎

어긋나며, 잎 모양은 좁은 피침형이다.
잎은 가지에 3~7장씩 모여 달린다.

20%

## | 꽃

벼꽃 모양이며,
60~120년에
한 번만 개화한다.
꽃이 피고 나면
모주는 말라 죽는다.

## | 열매

꽃이 피고 난 후에
열매가 열리는데,
죽실(竹實)이라고 한다.

## | 수피

전체적으로 매끈하
며, 연한 녹색 또는
황록색을 띤다.

잎이 달린 가지로 엮은 관을 월계관이라 한다

# 월계수

*Laurus nobilis* [녹나무과 월계수속]

낙엽교목
상록교목
낙엽소교목
상록소교목
낙엽관목
상록관목
낙엽덩굴
상록덩굴

• 상록교목 • 수고 10~15m • 분포 경남, 전남 등 남부지역에 식재
• 유래 중국에서 이 나무의 잎이 계(桂)라고 쓰는 목서 종류와 닮았다고, 달나라 계수나무를 연상하여 붙인 것을 그대로 갖다 씀

## | 잎

어긋나기.
긴 타원형이며,
잎맥 분기점에 부풀어
오른듯한
벌레집이 있다.

60%

## | 꽃

암꽃

수꽃

암수딴그루. 잎겨드랑이에
노란색 꽃이 1~3개씩 모
여 핀다. 3~4월

## | 열매

장과.
타원상 구형이며,
검은색을 띤
자주색으로
익는다.
9~10월

## | 수피

## | 겨울눈

회백색 또는 회색이
고 껍질눈이 산재한
다. 성장하면서 큰 변
화를 보이지 않는다.

잎눈은 달걀형이고 끝
이 조금 뾰족하며, 꽃눈
은 구형이고 눈자루가
있다.

열매에서 채취한 씨앗을 해송자(海松子)라 하며, 식용 또는 약용한다

# 잣나무

*Pinus koraiensis* [소나무과 소나무속]

• 상록교목 • 수고 30~40m • 분포 지리산 이북의 높은 산지 능선부
• 유래 많은 씨앗을 맺는다는 뜻의 '종자나무'에서 '자나무'가 되었다가 '잣나무'로 변한 것

## | 잎

5개의 바늘잎이 한 묶음으로 난다.
양면에 흰색 숨구멍줄이 5~6줄 있다.

60%

## | 꽃

암꽃이삭

수꽃이삭

암수한그루. 수꽃이삭은 새가지 밑에 달리며, 암꽃이삭은 새가지 끝에 달린다. 4~5월

## | 열매

구과. 달걀 모양의 원주형이며,
익은 후에도 실편이 벌어지지
않아 종자가 속에 남아 있다.
다음해 10월

## | 수피

회갈색 또는 회색이
며, 오래되면 불규칙
하게 갈라진다.

## | 겨울눈

황갈색이며, 달걀 모양
의 긴 타원형이다. 약간
수지가 있다.

낙엽교목
상록교목
낙엽소교목
상록소교목
낙엽관목
상록관목
낙엽덩굴
상록덩굴

어린 열매에서 젖과 비슷한 액이 나오므로 젓나무라고도 부른다

# 전나무

*Abies holophylla* [소나무과 전나무속]

• 상록교목 • 수고 30~40m • 분포 지리산 이북의 산지 능선이나 계곡부 • 유래 어린
열매에서 젖과 비슷한 흰 수지가 나온다고 하여, 젓나무라 하다가 전나무로 변한 것

## 잎

가지에 바늘잎이
입체적으로 돌려난다.
바늘잎은 뾰족하고
단단해서, 찔리면 아프다.

50%

## 꽃

암꽃이삭 / 수꽃이삭

암수한그루. 전년지의 잎겨드랑이에 꽃이삭이 달린다. 4~5월

## 열매

구과.
원통형이고
위를 향해 달리며,
갈색으로 익는다.
10월

## 수피

회색 또는 암갈색이
며 표면이 거칠다. 오
래되면 비늘 모양으
로 벗겨진다.

## 겨울눈

달걀형이고, 수지가 약간
있다. 가지 끝에 2~3개씩
달린다.

목재는 백탄의 최고급품인 비장탄의 재료

# 졸가시나무

*Quercus phillyraeoides*
[참나무과 참나무속]

• 상록교목 • 수고 5~10m • 분포 남부지방에 조경수, 공원수로 식재
• 유래 가시나무류 중에서 잎이 가장 작아서 붙인 이름

## | 잎

어긋나기.
타원형이며, 가장자리
상반부에 얕은 톱니가 있다.
다른 가시나무 종류보다
잎이 작다(이름의 유래).

40%

## | 꽃

암꽃차례

수꽃차례

암수한그루. 암꽃차례는 새가지의 잎겨드랑이에 달리고, 수꽃
차례는 새가지 밑부분에서 아래로 드리워 핀다. 4~5월

## | 겨울눈

긴 달걀형이며, 눈비늘조각에
싸여있다. 끝눈 주위에 여러
개의 곁눈이 붙는다(정생측아).

## | 열매

견과. 타원형이며, 이듬해 가을
에 다갈색으로 익는다.
다음해 9~10월

## | 수피

회갈색이며, 둥근 껍
질눈이 있고 평활하
다. 성장함에 따라 세
로로 얕게 갈라진다.

124

낙엽교목
상록교목
낙엽소교목
상록교목
낙엽관목
상록관목
낙엽덩굴
상록덩굴

가을에 열리는 도토리로 도토리묵을 만들어 먹을 수 있다

# 종가시나무

*Quercus glauca*
[참나무과 참나무속]

• 상록교목 • 수고 15~20m • 분포 서·남해안 및 제주도의 낮은 산지
• 유래 가시나무 종류이면서, 도토리와 깍정이의 모양이 종처럼 생겨서 붙인 이름

## | 잎

어긋나기.
달걀형 또는 거꿀달걀형이며,
잎의 상반부에만 톱니가 있다.

50%

## | 꽃

암꽃차례 / 수꽃차례

암수한그루. 암꽃차례는 잎겨드랑이에 달리고, 수꽃
차례는 아래로 드리워 핀다. 4~5월

## | 열매

견과. 달걀형 또는 타원형
이며, 다갈색으로 익는다.
9~10월

## | 수피

회갈색이고 작은 껍
질눈이 많으며, 성장
함에 따라 흑회색으
로 변한다.

## | 겨울눈

둥근 달걀형이며, 눈비늘
에 광택이 있다. 가지 끝부
분에 여러 개가 송이처럼
달린다.

살아서 천 년, 죽어서 천 년

# 주목

*Taxus cuspidata* [주목과 주목속]

• 상록교목 • 수고 15~20m • 분포 중 · 남부 지역의 산지 숲속
• 유래 나무의 껍질과 줄기속이 붉은색(朱)을 띠기 때문에 붙인 이름

## | 잎

가지에
나선형으로 나지만,
곁가지에는
2줄로 나란히 난다.
잎이 부드러워
찔려도 아프지 않다.

90%

## | 꽃

암꽃이삭

수꽃이삭

암수딴그루. 암꽃이삭은 녹색의 달걀형이며, 수꽃이삭은 황갈색의 거꿀달걀형 또는 구형이다. 4월

## | 열매

붉은색 컵 모양의
가종피 속에 종자가 있다.
익은 가종피는
단맛이 난다.
8~9월

## | 수피

수피와 심재가 짙은
적갈색을 띤다(이름
의 유래).

## | 겨울눈

잎눈은 긴 달걀형이고
꽃눈은 구형이며, 10장
의 눈비늘조각에 싸여
있다.

낙엽교목
상록교목
낙엽소교목
상록소교목
낙엽관목
상록관목
낙엽덩굴
상록덩굴

새잎은 황갈색 털로 덮여 있으며, 아래로 처진다

# 참식나무

*Neolitsea sericea*
[녹나무과 참식나무속]

• 상록교목 • 수고 10~15m • 분포 제주도, 울릉도 및 서·남해안 도서 지역
• 유래 '진짜 식나무'라는 뜻에서 붙인 이름으로, 식나무와 참식나무는 모두 상록수이면
서 비슷한 모양의 열매가 열린다.

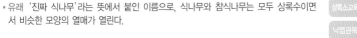

## 잎

어긋나기.
긴 타원형이며,
가장자리는 밋밋하다.
잎을 찢으면
장뇌향이
난다.

50%

## 꽃

암꽃 / 수꽃

암수딴그루. 잎겨드랑이에 황백색 꽃이 모여 핀다. 10~11월

## 열매

장과. 구형이며, 붉은색으로 익
는다. 꽃과 열매를 동시에 볼
수 있다. 다음해 10월

## 겨울눈

잎눈은 긴 타원형이고, 꽃눈은
둥글다. 끝눈은 모여나고, 곁
눈은 어긋난다.

## 수피

짙은 갈색 또는 회갈
색이다. 자잘한 껍질눈
이 있으나 평활하다.

왕릉이나 묘지 주위에 둘레나무로 많이 심는다

# 측백나무

*Thuja orientalis*
[측백나무과 측백나무속]

• 상록교목 • 수고 20m • 분포 대구, 안동, 울진, 단양 등 석회암 또는 퇴적암 절벽지
• 유래 잎이 납작하고 옆(側)으로 자라기 때문에 붙인 이름

## | 잎

작고 납작한 잎이 포개져 나 있으며,
숨구멍줄이 없어 앞뒤 구분이 어렵다.

40%

## | 꽃

암꽃이삭

수꽃이삭

암수한그루. 암꽃이삭은 연한 갈색의 구형이고, 수꽃이삭은 적갈색의 타원형이다. 3~4월

## | 열매 

구과. 분백색을 띤 녹색이지만, 익으면서 적갈색으로 변한다.
9~10월

## | 수피 

적갈색 또는 회갈색이며, 오래되면 세로로 가늘고 길게 갈라지며 벗겨진다.

## | 겨울눈 

잔가지 끝에 1개씩 달리며, 눈 비늘조각에 싸여있다.

낙엽교목
상록교목
낙엽소교목
상록소교목
낙엽관목
상록관목
낙엽덩굴
상록덩굴

미국 루이지애나 주와 미시시피 주의 주화(州花)

# 태산목

*Magnolia grandiflora*
[목련과 목련속]

• 상록교목 • 수고 20m • 분포 남부 지역 및 제주도에 공원수, 정원수로 식재
• 유래 잎과 꽃이 다른 나무보다 훨씬 크기 때문에 붙인 이름

## | 잎

어긋나기.
긴 타원형이며,
가장자리는
밋밋하다.
재질은
가죽질이며
매우 단단하고,
앞면은
광택이 난다.

30%

## | 꽃

양성화.
가지 끝에
흰색 꽃이 피며,
강한 향기가 난다.
5~6월

## | 열매

골돌과. 달걀형 또는 타
원형이며, 표면에 갈색
털이 밀생한다. 9~10월

## | 겨울눈

꽃눈

잎눈

## | 수피

연한 갈색 또는 회색
이고 껍질눈이 있다.
노목이 되면 얇은 조
각으로 떨어진다.

꽃눈은 방추형이고
담갈색 털로 덮여
있다. 잎눈은 길고
가늘며, 털이 없다.

식물이 만들어 내는 살균성 물질인 피톤치드를 가장 많이 발생한다

# 편백

*Chamaecyparis obtusa* [측백나무과 편백속]

• 상록교목 • 수고 30m • 분포 제주도 및 남부지방에 식재 • 유래 어린 가지가 편평하고 수평으로 퍼지면서 자라고, 잎 모양이 납작하기(扁) 때문에 붙인 이름

## | 잎

작고 납작한 잎이
포개져 난 모양이
물고기의 비늘을 닮았다.
뒷면에 Y자 모양의
흰색 숨구멍줄이 있다.

60%

## | 꽃

암꽃이삭          수꽃이삭

암수한그루. 암꽃이삭은 연한 갈색의 구형이며, 수꽃이삭은 적갈색의 타원형이다. 4월

## | 겨울눈

전년생 가지
끝 부분에
하나씩 달린다.

## | 수피

적갈색이며, 세로로
긴 리본이나 띠 모양
으로 벗겨진다.

## | 열매

구과. 구형이며, 적갈색
으로 익는다. 10~11월

낙엽교목
상록교목
낙엽소교목
상록소교목
낙엽관목
상록관목
낙엽덩굴
상록덩굴

어린 가지에는 바늘잎이 나고, 7~8년 후에 비늘잎으로 바뀐다

# 향나무

*Juniperus chinensis*
[측백나무과 향나무속]

• 상록교목 • 수고 20~25m • 분포 강원도 및 경북(울릉도)의 암석지대
• 유래 나무에서 좋은 향기가 나기 때문에 붙인 이름

## 잎

어린 가지에는
날카로운
바늘잎(침엽)이 나고,
7~8년 후에는 부드러운
비늘잎(인엽)으로
바뀐다.

60%

## 꽃

암수딴그루
(간혹 암수한그루).
암꽃이삭도
수꽃이삭도
작아서 눈에
잘 띄지 않는다.
4~5월

암꽃이삭
수꽃이삭

## 열매

구과. 구형이며, 녹색이나
회청색을 띠다가 흑자색으
로 익는다. 흰색 분이 생긴
다. 다음해 10월

## 수피

적갈색이고 세로로
얕게 갈라진다. 성장
함에 따라 띠 모양으
로 길게 벗겨지고, 줄
기 전체가 융기한다.

## 겨울눈

잔가지 끝에 1개씩 달리며,
눈비늘조각에 싸여있다.

목재는 습기에 강하기 때문에, 도마나 음식을 보관하는 통으로 활용된다

# 화백

*Chamaecyparis pisifera* [측백나무과 편백속]

• 상록교목 • 수고 30m • 분포 주로 남부 지역에 공원수, 조경수, 산울타리로 식재
• 유래 수형이 편백보다 부드러운 느낌이 나므로, 꽃 화(花)를 넣어 화백(花栢)이라 한 것

## | 잎

작고 납작한 잎이 포개져 나며,
뒷면에 X자형 숨구멍줄이 있다.

70%

## | 열매

구과. 구형이며, 녹색에서
갈색으로 익는다. 9~10월

## | 꽃

암꽃이삭

수꽃이삭

암수한그루. 암꽃이삭은 연한
갈색의 구형이며, 수꽃이삭은
적갈색의 타원형이다. 4월

## | 수피

적갈색이고 세로로
얕게 갈라진다. 성장
함에 따라 띠처럼 길
게 벗겨진다.

## | 겨울눈

가지 끝에 달리며, 눈
비늘조각에 싸여있다.

금빛의 천연도료인 황칠은 귀중한 공예품의 표면 장식에 쓰였다

# 황칠나무

*Dendropanax trifidus*
[두릅나무과 황칠나무속]

낙엽교목
상록교목
낙엽소교목
상록소교목
낙엽관목
상록관목
낙엽덩굴
상록덩굴

• 상록교목 • 수고 10~15m • 분포 전라도의 도서 지역 및 제주도의 산지
• 유래 황칠 염료를 추출하는 나무이기 때문에 붙인 이름

## 잎

어긋나기.
어린 가지의 잎이
3~5갈래로 갈라지는
갈래잎이며, 잎가장자리는
밋밋하다.

30%

## 꽃

양성화

수꽃

수꽃양성화한그루. 새가지 끝에 황록색 꽃이 모여 핀다. 양성
화만 피는 꽃차례와 수꽃과 양성화가 함께 피는 꽃차례가 있
다. 7~8월

## 겨울눈

편평한 삼각형이며,
눈비늘조각에
싸여있다.
연한 초록색과
붉은색을 띤다.

## 열매

핵과. 구형이며,
검은색으로
익는다.
종자가 2~5개
들어있다.
10~11월

## 수피

회백색이고 평활하
며, 광택이 있고 껍질
눈이 많이 생긴다. 노
목에서는 얕게 세로
로 갈라지기도 한다.

133

나무껍질은 후박피(厚朴皮)라 하며, 소화불량이나 설사에 효과가 있다

# 후박나무

*Machilus thunbergii*
[녹나무과 후박나무속]

• 상록교목 • 수고 20m • 분포 울릉도, 제주도, 서 · 남해안 도서의 낮은 지대
• 유래 나무껍질이 후박(厚朴)이라는 한약재로 쓰이므로 붙여진 이름

## | 잎

어긋나기.
긴 타원형이며,
가장자리는 밋밋하다.
잎은 가지 끝에
모여 나는
경향이 있다.

50%

## | 꽃

꽃차례

꽃

양성화. 새가지 밑부분의 잎겨드랑이에 황록색 꽃이 모
여 핀다. 5~6월

## | 겨울눈

잎과 꽃이
함께 들어있는
겨울눈이다(섞임눈).
눈비늘조각은
붉은빛이 돈다.

## | 열매

핵과.
약간 납작한
구형이며,
검은 자주색으로
익는다.
7~9월

## | 수피

갈색 또는 회갈색이
고 매끈한 편이며, 껍
질눈이 많다. 오래되
면 가늘게 갈라지면
서 요철이 생기고, 회
백색 얼룩무늬가 생
기기도 한다.

일본에서는 감탕나무, 목서와 더불어 3대 정원수 중 하나

# 후피향나무 *Ternstroemia gymnanthera*
[차나무과 후피향나무속]

• 상록교목 • 수고 10~15m • 분포 전남과 경남의 해안가 및 제주도의 산지 숲속
• 유래 중국 이름 후피향을 차용한 것으로, 잎이 가죽(皮)처럼 두껍고(厚), 꽃은 향기롭기
(香) 때문에 붙인 이름

nav 낙엽교목
nav 상록소교목
nav 낙엽관목
nav 상록관목
nav 낙엽덩굴
nav 상록덩굴

## 잎

어긋나기.
거꿀달걀형이며,
가장자리는 밋밋하다.
잎자루는
붉은 빛을 띤다.

70%

## 꽃

양성화

수꽃

수꽃양성화딴그루.
잎겨드랑이에
황백색 꽃이
아래를 향해 핀다.
6~7월

## 열매

삭과.
구형이며,
자주빛 빨강색으로
익는다.
10~11월

## 수피

회갈색이고 평활하며,
껍질눈이 많다. 성장
함에 따른 큰 변화는
나타나지 않는다.

## 겨울눈

붉은빛의 반구형 또는 타원형
이며, 7~9장의 눈비늘조각에
싸여있다.

# Chapter 03

# 낙엽소교목

교목 중에서 수고가
대략 3~8m 정도의 소형이며,
겨울에 일제히 잎을
떨어뜨리는 나무

어린 순을 채취해 삶아서 나물로 먹었다

# 개옻나무

*Toxicodendron trichocarpum*
[옻나무과 옻나무속]

• 낙엽소교목 • 수고 7~8m • 분포 전국의 산야
• 유래 옻나무와 비슷한데, 줄기에서 옻을 추출하지 않기 때문에 붙인 이름

## | 잎

어긋나기.
4~8쌍의 작은잎으로 구성된
홀수깃꼴겹잎. 작은잎은 끝이 뾰족하고
가장자리는 밋밋하다.

30%

## | 꽃

암꽃차례 / 수꽃차례

암수딴그루. 줄기 끝의 잎겨드랑이에 황록색 꽃이 모여 핀다.
5~6월

## | 열매

핵과. 편구형이며 황갈색으
로 익는다. 외과피 속에는
흰색의 왁스층으로 이루어
진 중과피가 있다. 9~10월

## | 겨울눈

눈비늘조각이 없는
맨눈이며,
갈색의 털로
덮여있다.

## | 수피

회백색이며, 세로로
얕게 갈라져 갈색의
골이 생긴다.

가을에 작은 새알만한 빨간 열매가 조롱조롱 달린다

# 꽃사과

*Malus prunifolia* [장미과 사과나무속]

낙엽교목
상록교목
**낙엽소교목**
상록소교목
낙엽관목
상록관목
낙엽덩굴
상록덩굴

• 낙엽소교목 • 수고 5~8m • 분포 전국적으로 널리 식재
• 유래 사과 모양의 열매가 달리는데, 꽃이 사과 꽃보다 화려한데서 유래된 이름

## 잎

어긋나기.
타원형 또는 달걀형이며,
가장자리에 톱니가
위쪽을 향해 나있다.

50%

## 꽃

양성화.
짧은가지 끝에
5~7개의
흰색 또는
연분홍색 꽃이
모여 핀다.
4~5월

## 열매

이과. 구형이며 붉은색으로
익는다. 신맛이나 떫은 맛
이 난다. 9~10월

## 겨울눈

달걀형이고
끝이 뾰족하며,
털이 있다가
점차 없어진다.
3~4장의
눈비늘조각에
싸여있다.

## 수피

암회색 또는 흑갈색
이며, 오래되면 거칠
게 갈라진다.

꽃이 아름다운 꽃나무로 많은 원예품종이 개발되어 있다

# 꽃산딸나무

*Cornus florida*
[층층나무과 층층나무속]

• 낙엽소교목 • 수고 5~10m • 분포 전국적으로 조경수로 식재
• 유래 우리나라에 자생하는 산딸나무에 비해 꽃이 화려해서 붙인 이름

## | 잎

마주나기.
달걀형 또는 타원형이며,
가장자리는 밋밋하다.
가을 단풍이
아름답다.

40%

## | 꽃

꽃과 총포

꽃

양성화. 흰색 또는 연분홍색의 꽃잎처럼 보이는 것은 총포이
며, 그 가운데 황록색의 작은 꽃이 모여 핀다. 4~5월

## | 겨울눈

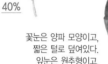

▲ 꽃눈        ▲ 잎눈

꽃눈은 양파 모양이고,
짧은 털로 덮여있다.
잎눈은 원추형이고,
2장의 눈비늘조각에 싸여있다.

## | 열매

핵과. 긴 타원형이며, 붉은색
으로 익는다. 9~10월

## | 수피

회갈색을 띠며, 성장
함에 따라 가늘고 작
은 조각으로 갈라져
서 벗겨진다.

열매는 식용 또는 약용하며, 잎은 누에 사료로 쓴다

# 꾸지뽕나무 *Cudrania tricuspidata*
[뽕나무과 꾸지뽕나무속]

낙엽교목
상록교목
**낙엽소교목**
상록소교목
낙엽관목
상록관목
낙엽덩굴
상록덩굴

• 낙엽소교목 • 수고 4~8m • 분포 황해도 이남의 서해안과 남해안 • 유래 꾸지나무처럼 수피로 종이를 만들고, 뽕과 비슷한 열매가 열리기 때문에 붙인 이름

## | 잎

어긋나기.
달걀형 또는 거꿀달걀형이며,
어린 나무일수록 3갈래로
갈라진 잎이 많다.

30%

## | 꽃

암꽃차례

수꽃차례

암수딴그루. 잎겨드랑이에서 1~2개씩 머리꼴꽃차례로 달린다. 5~6월

## | 열매

취과. 구형의 울퉁불퉁한 육질이며, 그 안은 여러 개의 수과로 되어 있다. 9월

## | 겨울눈

반구형이고
겉으로 보이는
눈비늘조각은
6개이며,
가로덧눈이
붙는다.

## | 수피

회갈색이나 오래되면 회노랑색을 띤다. 어린 줄기에는 줄기가 변한 가시가 있으나 크면서 없어진다.

벼락 맞은 대추나무를 벽조목(霹棗木)이라 하며, 도장의 재료로 쓰인다

# 대추나무
*Zizyphus jujuba* 〔갈매나무과 대추나무속〕

• 낙엽소교목 • 수고 5~8m • 분포 평북, 함북을 제외한 전국에 식재
• 유래 한자 이름 대조목(大棗木)에서 '대조나무'라 불리다가 대추나무가 된 것

## 잎

어긋나기.
달걀형이며, 앞면에는 광택이 있다.
밑부분에서 3개의 뚜렷한
잎맥이 발달해있다.

60%

## 꽃

양성화.
잎겨드랑이에
황록색 꽃이
1개 또는
2~8개씩
모여 핀다.
5~6월

## 열매

핵과.
타원형이며, 짙은 적갈색으로
익는다. 단맛이 난다.
9~10월

## 겨울눈

## 수피

성장함에 따라 짙은
회갈색이 되고, 세로
방향으로 갈라진다.

겨울눈과 잎자국이 마디
주위에 모여 난다. 긴가
지에는 턱잎이 변한 2개
의 가시가 있다.

열매껍질에 에고사포닌이라는 독성성분이 있다

# 때죽나무

*Styrax japonicus*
[때죽나무과 때죽나무속]

낙엽교목
상록교목
낙엽소교목
상록소교목
낙엽관목
상록관목
낙엽덩굴
상록덩굴

• 낙엽소교목 • 수고 4~8m • 분포 황해도, 강원도 이남의 산지
• 유래 열매를 찧어서 물에 풀면 물고기가 떼로 죽는다, 혹은 열매를 물에 불려 빨래를
하면 때가 잘 빠진다 하여 붙인 이름

## 잎

어긋나기.
긴 타원형이며,
잎끝이 길게 뾰족하다.
가장자리에 둔한 톱니가
있거나, 없는 것도 있다.

60%

## 꽃

양성화.
새가지의
잎겨드랑이에
1~6개의 흰색 꽃이
모여 아래로
드리워 핀다.
5~6월

## 열매

삭과. 달걀꼴 둥근형이며, 회백
색으로 익는다. 9~10월

## 겨울눈

긴 달걀형의
맨눈이며,
별모양의 갈색 털로
덮여있다.
겨울눈 밑에
세로덧눈이 붙는다.

## 수피

흑갈색이고 평활하
다. 오래되면 얕게 세
로로 줄이 생기고 근
육질 모양이 된다.

143

풀 중에 제일은 산삼, 나무 중에 제일은 마가목

# 마가목

*Sorbus commixta* 〔장미과 마가목속〕

• 낙엽소교목 • 수고 6~12m • 분포 황해도 및 강원도 이남의 높은 산지
• 유래 새순이 말의 어금니처럼 힘차게 돋아난다는 뜻의 한자어 마아목(馬牙木)에서 유래된 이름

## | 잎

어긋나기.
작은잎이 4~6쌍인 홀수깃꼴겹잎이다.
작은잎 가장자리에 날카로운 톱니가 있다.

30%

## | 꽃

양성화.
가지 끝에 흰색의
작은 꽃이 모여 핀다.
5~6월

## | 열매

이과.
둥근형이며,
붉은색으로 익는다.
드물게 노란색
열매도 있다.
9~10월

## | 겨울눈

## | 수피

갈색에서 성장함에
따라 짙은 회색이 되
며, 노목에서는 세로
로 얕게 갈라진다.

물방울형이며, 끝
이 뾰족하다.
2~4장의 눈비늘조
각에 싸여있으며,
표면에 수지 성분
이 있어 끈적끈적
하다.

눈 속에서 고고한 꽃을 피운다 하여 설중매, 설중군자로도 불린다

# 매실나무 *Prunus mume* 〔장미과 벚나무속〕

낙엽교목
상록교목
낙엽소교목
상록소교목
낙엽관목
상록관목
낙엽덩굴
상록덩굴

• 낙엽소교목 • 수고 4~6m • 분포 전국적으로 널리 재배
• 유래 중국이 원산지이며, 한자 매(梅) 자에서 유래된 이름

## | 잎

어긋나기.
타원형 또는
달걀형이며,
끝이 길게 뾰족하다.
잎자루에
꿀샘이 있다.

50%

## | 꽃

양성화.
잎이 나기 전에
전년지의
잎겨드랑이에서
2~3개의
흰색 꽃이 핀다.
향기가
매우 좋다.
2~3월

## | 겨울눈 

꽃눈은 달걀형이고,
잎눈은 원추형이다.
보통 1~3개의 겨울눈이
가로로 나란히 붙는다.

## | 열매 

핵과. 구형이며, 노란색으로 익
는다. 신맛이 난다. 6~7월

## 수피

짙은 회색이며, 성장
함에 따라 불규칙하
게 갈라져서 거칠어
진다.

노란색 꽃이 나무를 뒤덮어서, 골든레인 트리(Goldenrain tree)라고도 한다

# 모감주나무

*Koelreuteria paniculata*
[무환자나무과 모감주나무속]

•낙엽소교목 •수고 3~6m •분포 황해도, 강원도 이남의 해안가 •유래 깨달음의 마지막 단계를 일컫는 묘각(妙覺)에 염주구슬을 뜻하는 주(珠)가 붙어서 된 이름

## | 잎

어긋나기.
3~7쌍의 작은잎을 가진 홀수깃꼴겹잎이다.
작은잎은 불규칙하게 갈라진다.

20%

## | 꽃

양성화

수꽃

암수한그루. 새가지 끝에 노란색 꽃이 원추꽃차례로 모여 핀다. 6~7월

## | 열매

삭과. 풍선 모양(꽈리열매 모양)이며, 갈색으로 익는다. 종자는 구형이고 검은색이며, 광택이 있다. 9~10월

## | 겨울눈

원추형이며, 2장의 눈비늘 조각에 싸여있다. 눈비늘조각 가장자리에 털이 있다.

## | 수피

회갈색이고 갈색의 껍질눈이 많이 산재한다. 성장함에 따라 세로로 갈라진다.

낙엽교목
상록교목
낙엽소교목
상록소교목
낙엽관목
상록관목
낙엽덩굴
상록덩굴

못생긴 열매와 떫은 맛 그리고 향기에 세 번 놀란다

# 모과나무

*Chaenomeles sinensis*
[장미과 모과나무속]

• 낙엽소교목 • 수고 5~10m • 분포 전국에 널리 식재 • 유래 나무에 참외 모양의 열매
가 달린다 하여, '목과(木瓜)나무'로 불리다가 모과나무가 된 것

## | 잎

어긋나기.
반듯한 타원형이며,
가장자리에 날카로운 잔톱니가 있다.
질감이 딱딱하다.

70%

## | 꽃

수꽃양성화한그루.
짧은가지 끝에
연홍색 꽃이
1개씩 핀다.
4~5월

## | 열매

이과. 타원형이며, 노란색으
로 익는다. 향기가 매우 좋
다. 9~10월

## | 겨울눈

넓은 달걀형이며,
끝은 약간 무디다.
3~4장의 눈비늘
조각에 싸여있다.

## | 수피

녹갈색이고 표면이
불규칙하게 벗겨진
다. 성장 후에도 작은
조각으로 벗겨져서
얼룩무늬가 생긴다.

식용하는 배 종류에는 서양배, 중국배, 일본배가 있다

# 배나무

*Pyrus pyrifolia* var. *culta* 〔장미과 배나무속〕

• 낙엽소교목 • 수고 5~10m • 분포 전국적으로 식재
• 유래 아주 옛날부터 우리 민족이 사용하던 순우리말 이름

## | 잎

30%

어긋나기.
달걀 모양의
타원형 또는 원형이며,
끝은 길게 뾰족하다.
가장자리에
바늘 모양의
잔 톱니가 있다.

## | 열매

이과. 구형이며, 황갈색으로
익고 단맛이 난다. 9~10월

## | 꽃

양성화.
잎과 함께
짧은가지 끝에
흰색 꽃이
5~10개씩
모여 핀다.
4~5월

## | 수피

짙은 회색이며, 오래
되면 작은 조각으로
벗겨져서 떨어진다.

## | 겨울눈

달걀형 또는 원추형이고
끝이 뾰족하다. 5~7장의
눈비늘조각에 싸여있다.

여름철에 백일 가량 오래도록 꽃이 핀다

# 배롱나무

*Lagerstroemia indica*
[부처꽃과 배롱나무속]

낙엽교목
상록교목
낙엽소교목
상록소교목
낙엽관목
상록관목
낙엽덩굴
상록덩굴

• 낙엽소교목 • 수고 5~7m • 분포 충남, 전라도, 경상도에 식재
• 유래 한자 이름 백일홍(百日紅)이 우리말로 변한 것으로, 백일홍이란 꽃이 여름부터 가을
까지 오래도록 피기 때문에 붙인 이름

## 잎

30%

잎이 가지에 어긋나거나
마주나며, 좌좌우우 2장씩
짝을 이루어 어긋나는 것도 있다.

## 꽃

양성화.
새가지 끝에서
원뿔꽃차례의 꽃이
모여 핀다.
흰색, 홍색, 분홍색,
홍자색 등의
꽃색이 있다.
7~9월

## 열매

삭과. 넓은 타원형 또는 구형이며, 익
으면 6갈래로 갈라진다. 10~11월

## 겨울눈

물방울형이고,
끝이 뾰족하다.
2~4장의 적갈색
눈비늘조각에
싸여있다.

## 수피

연한 적갈색이고 성
장함에 따라 표피가
벗겨진다. 오래되면
불규칙한 조각으로
떨어져서 얼룩무늬가
생긴다.

149

중국에서 전래되어 예부터 식용, 약용, 화목용으로 재배되고 있다

# 복사나무

*Prunus persica* [장미과 벚나무속]

- 낙엽소교목 • 수고 3~8m • 분포 전국에 과수로 널리 재배. 민가 부근에 야생화되어 자람
- 유래 한자 도(桃)를 우리말로 '복성화', '복숑화', 또 그 열매를 '복성', 나무를 '복성나무'라고 한데서 유래된 이름

## | 잎

50%

어긋나기.
피침형이며, 잎가운데
부분이 폭이 가장 넓다.
잎자루에 1~2쌍의
꿀샘이 있다.

## | 꽃

양성화.
잎이 나기 전에,
연한 홍색 꽃이
전년지의
잎겨드랑이에
1~2개씩 핀다.
4~5월

## | 열매

핵과.
구형이며,
황적색으로 익는다.
표면에 털이 많고
달콤한 맛이 난다.
8~9월

## | 겨울눈

물방울형이며,
끝이 뾰족하고
회백색 털이 많다.
4~10장의 눈비늘
조각에 싸여있다.

## | 수피

적갈색이며, 광택이
난다. 껍질눈이 발달
하며, 오래되면 거칠
게 갈라진다.

가을에 노랗다가 선명한 붉은색으로 물드는 단풍이 아름답다

# 붉나무

*Rhus javanica* [옻나무과 붉나무속]

낙엽교목
상록교목
**낙엽소교목**
상록소교목
낙엽관목
상록관목
낙엽덩굴
상록덩굴

• 낙엽소교목 • 수고 5~10m • 분포 전국의 해발고도가 낮은 야산
• 유래 가을에 잎이 유난히 붉게 물들기 때문에 붙인 이름

## | 잎

50%

어긋나기. 달걀형의 작은잎이
3~6쌍인 홀수깃꼴겹잎.
잎축에 날개가 있다.

## | 꽃

암꽃　수꽃

암수딴그루. 새가지 끝에 백색 꽃이 원추꽃차례로 모여
달린다. 8~9월

## | 열매

핵과.
편구형이며,
표면에 갈색 털과
샘털이 밀생한다.
10~11월

## | 겨울눈

반구형이며,
황갈색의
부드러운 털로
덮여있다.
3~4장의
눈비늘조각에
싸여있다.

## | 수피

회색 또는 회갈색이
며, 작은 껍질눈이 밀
생한다.

옛 이름 임금(林檎)은 조그마한 열매가 많이 달리고, 새가 그 숲에 모여든다는 뜻

# 사과나무

*Malus pumila* [장미과 사과나무속]

• 낙엽소교목 • 수고 5~15m • 분포 전국에서 과수로 널리 재배 • 유래 고려의 야생 사과를 금(檎)이라 하였으며, 이것을 속칭 사과(沙果)라 한 것에서 유래된 이름

## | 잎

어긋나며, 타원형 또는 달걀형이다. 양면에 털이 있으며, 특히 뒷면에 흰털이 많다.

60%

## | 꽃

양성화. 가지 끝에 흰색 또는 연한 홍색의 꽃이 모여 핀다. 4~5월

## | 열매

이과. 구형이며, 적색으로 익는다. 신맛과 단맛이 난다. 9~10월

## | 겨울눈

달걀형 또는 원뿔형이며, 눈비늘조각에 털이 밀생한다. 곁눈은 가지에 바짝 붙어서 난다.

## | 수피

연한 회색이며, 성장함에 따라 작은 조각으로 불규칙하게 벗겨진다.

나무껍질이 흰색이어서 중국 이름은 백목(白木), 일본 이름도 시라키(白木)

# 사람주나무
*Neoshirakia japonica*
[대극과 사람주나무속]

• 낙엽소교목 • 수고 4~6m • 분포 서해안 백령도 및 동해안 설악산 이남 • 유래 가을
단풍이 사람 얼굴의 홍조와 비슷하여, '사람' 뒤에 붉을 주(朱) 자를 붙여 만든 이름

## | 잎

어긋나기.
타원형이며, 잎가장자리에
물결 모양의 주름이 있다.
잎자루에 기름샘이 있다.

40%

## | 열매

삭과.
삼각꼴 둥근형이며,
익으면 열매껍질이
3개로 갈라진다.
10~11월

## | 꽃

암꽃

수꽃

암수한그루. 새가지 끝에 황록
색 꽃이 모여 핀다. 5~6월

## | 수피

광택이 나는 회백색
이고 매끈하다. 오래
되면 세로로 가늘게
골이 진다.

## | 겨울눈

끝눈은 원추형이고,
끝이 뾰족하다. 2장
의 눈비늘조각에 싸
여있다.

153

열매는 산사육 혹은 산사자라 하며, 약재로 이용한다

# 산사나무

*Crataegus pinnatifida*
［장미과 산사나무속］

- 낙엽소교목 •수고 5~10m •분포 전국의 산지 특히 전북, 경북 이북
- 유래 붉은 열매가 마치 산(山)에서 나무 사이로 해가 뜨는 모습(査)과 비슷하다 하여 붙인 이름

| 잎

50%

6~10갈래로 갈라지는
갈래잎이다.
넓은 달걀형이며,
잎의 좌우가 비대칭인
경우가 많다.

| 꽃

양성화.
가지 끝에
흰색 꽃이
산방꽃차례로
모여 핀다.
5~6월

| 열매

이과.
구형이며,
붉은색으로 익는다.
약간 떫은맛이 난다.
9~10월

| 겨울눈

반구형이며,
7~8장의
눈비늘조각에
싸여있다.
끝눈은
곁눈보다 크다.

| 수피

회갈색을 띠며, 불규
칙하게 얇은 조각으
로 갈라져 벗겨진다.

열매는 독특한 향기와 단맛이 있어서 차와 한약재로 이용된다

# 산수유

*Cornus officinalis*
〔층층나무과 층층나무속〕

낙엽교목
상록교목
**낙엽소교목**
상록소교목
낙엽관목
상록관목
낙엽덩굴
상록덩굴

• 낙엽소교목  • 수고 5~10m  • 분포 경기도와 강원도 이남에 널리 식재
• 유래 산에서 자라고, 수유(茱萸, 붉은 열매)가 열리는 나무라는 뜻으로 붙인 이름

## 잎

30%

마주나기.
넓은 달걀형이며,
톱니가 없다.
뒷면 잎겨드랑이에
갈색 털이 뭉쳐난다.

## 꽃

양성화.
짧은가지 끝에
노란색 꽃이
20~30개씩
모여 핀다.
3~4월

## 열매

핵과. 타원형이며,
붉은색으로 익는다.
신맛과 떫은맛이 난다.
9~10월

## 겨울눈

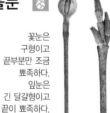

꽃눈은
구형이고
끝부분만 조금
뾰족하다.
잎눈은
긴 달걀형이고
끝이 뾰족하다.

▲ 꽃눈  ▲ 잎눈

## 수피

갈색이며, 얇은 조각
으로 벗겨진다. 오래
되면 회갈색으로 변
하며, 얼룩덜룩한 무
늬가 생긴다.

155

동선행림(董仙杏林)의 고사에 등장하는 나무

# 살구나무

*Prunus armeniaca* var. *ansu*
〔장미과 벚나무속〕

- 낙엽소교목 • 수고 5~10m • 분포 전국에 널리 재배
- 유래 과일이 살색이어서 삵(살색)+과(果)에서 '살고', '살구'로 변한 것, 혹은 개고기를 먹고 채했을 때 먹으면 효과가 있다 하여 살구(殺狗)에 유래된 이름

## | 잎

90%

어긋나기.
넓은 달걀형이며,
잎끝이 길게 뾰족하다.
잎자루에 곤충을 유인하는
2~5개의 꿀샘이 있다.

## | 꽃

양성화.
잎이 나오기 전에,
짧은가지 끝에
연한 홍색의 꽃이
1~2개씩 핀다.
3~4월

## | 열매

핵과. 구형이며, 황적색으로
익는다. 새콤달콤한 맛이
난다. 6~7월

## | 겨울눈

끝이 뾰족한
넓은 달걀형이며,
적자색을 띤다.
18~22개의
눈비늘조각에
싸여있다.

## | 수피

회갈색이며 오래되면
세로로 불규칙하게
갈라진다.

낙엽교목
상록교목
낙엽소교목
상록소교목
낙엽관목
상록관목
낙엽덩굴
상록덩굴

열매 속에 많은 씨를 품고 있어서 자손번영과 다산의 과일로 여긴다

# 석류나무

*Punica granatum*
[석류나무과 석류나무속]

• 낙엽소교목 • 수고 5~7m • 분포 중부 이남에 식재
• 유래 울퉁불퉁한 열매의 모양이 마치 혹(瘤)과 같고, 안석국(페르시아)에서 왔다고 하여
  안석류(安石瘤), 안석류(安石榴)라 하다가 석류가 된 것

## 잎

마주나며, 잎 모양은 긴 타원형이다.
앞면은 광택이 있으며,
두께가 얇다.

80%

## 꽃

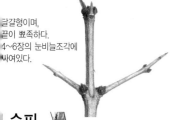

양성화. 가지 끝에 적자색의 꽃이
1~5개씩 모여 핀다. 5~7월

## 겨울눈

달걀형이며,
끝이 뾰족하다.
4~6장의 눈비늘조각에
싸여있다.

## 수피

회갈색이며, 성장함
에 따라 불규칙하게
벗겨져지고, 나선상
으로 뒤틀리며 요철
이 생긴다.

## 열매

석류과. 꽃받침이 왕관 모
양으로 남아 있으며, 종자
는 붉은 가종피로 싸여 있
다. 9~10월

맹아력이 좋으며, 나무 모양이 아름다워서 분재의 소재로 많이 쓰인다

# 소사나무

*Carpinus turczaninowii*
〔자작나무과 서어나무속〕

• 낙엽소교목 • 수고 3~10m • 분포 중부 이남의 해안이나 섬 지방 • 유래 나무의 크기나 잎이
서어나무(西木)보다 작기 때문에 소서목이라 불렸는데, 이것이 변해 소사나무가 된 것

## 잎

어긋나기.
달걀형이며,
다른 서어나무속
잎에 비해 작다.
잎가장자리에
겹톱니가 있다.

100%

## 겨울눈

달걀형이며,
12~14장의
갈색 또는 적갈색
눈비늘조각에
싸여있다.

## 꽃

암꽃차례

수꽃차례

암수한그루. 암꽃차례는 새가지의 잎 사이
에서 나오며, 수꽃차례는 전년지에서 아래
로 드리운다. 4~5월

## 수피  　 ## 열매

회갈색 또는 짙은 갈
색이며, 평활하다. 오
래되면 세로로 얕게
갈라진다.

견과. 열매이삭은 넓
은 달걀형이고 갈색
으로 익는다.
8~9월

158

나무껍질에 콰시아(quassia) 성분이 들어 있어 매우 쓰다

# 소태나무
*Picrasma quassioides*
[소태나무과 소태나무속]

낙엽교목
상록교목
낙엽소교목
상록소교목
낙엽관목
상록관목
낙엽덩굴
상록덩굴

• 낙엽소교목 •수고 8~10m •분포 전국의 낮은 산지
• 유래 껍질이나 잎을 씹으면 소태맛(아주 쓴맛)이 나기 때문에 붙인 이름

## | 잎

어긋나기.
긴 달걀형의 작은잎이
4~7쌍인 홀수깃꼴겹잎.
잎과 줄기에서 강한
쓴 맛이 난다.

30%

## | 꽃

암꽃    수꽃

암수딴그루. 새가지의 잎겨드랑이에서 녹황색의 꽃이 취산꽃
차례로 모여 달린다. 5~6월

## | 열매

핵과. 넓은 타원형이며, 녹
흑색 또는 흑자색으로 익는
다. 9~10월

## | 겨울눈

눈비늘이
없는 맨눈.
끝눈은 구형이며,
주먹을 쥔 것 같은
형상이다.

## | 수피

적갈색 또는 자갈색
을 띠고 매끄럽다. 오
래되면 세로로 갈라
진다.

천연염색에서 내기 어려운 검정색 물을 들이는데 사용한다

# 신나무

*Acer tataricum* subsp. *ginnala*
〔단풍나무과 단풍나무속〕

• 낙엽소교목 • 수고 8~10m • 분포 전국의 낮은 산지 골짜기 또는 산기슭
• 유래 붉은색 단풍이 매우 아름다워서 색목(色木)이라 불렀는데, 한자 색(色)이 붉다는 뜻의
우리말 '싣'자로 바뀌어 싣나모 → 싯나모 → 신나모 → 신나무로 변한 것

## | 잎

마주나기.
잎몸이 3갈래로
갈라진 갈래잎이다.
가을의
붉은색 단풍이
매우 아름답다.

50%

## | 꽃

양성화

수꽃

수꽃양성화한그루. 새가지 끝
에 황록색 꽃이 모여 핀다.
5~6월

## | 열매

2개의 시과로
이루어져 있으며,
시과는 대개 예각을 이룬다.
9~10월

## | 겨울눈

## | 수피

회갈색이며 껍질눈이
뚜렷하고 평활하다.
오래되면 세로로 갈
라진다.

원뿔형이며, 6~8장의
눈비늘조각에 싸여있다.
가지 끝에 흔히 2개의
가짜끝눈이 붙는다.

낙엽교목
상록교목
낙엽소교목
상록소교목
낙엽관목
상록관목
낙엽덩굴
상록덩굴

분류학적으로는 배나무보다 사과나무에 더 가깝다

# 아그배나무

*Malus sieboldii*
[장미과 사과나무속]

• 낙엽소교목 • 수고 3~6m • 분포 황해도 이남의 산지 가장자리
• 유래 열매가 작은 아기배 모양이어서 '아기배나무' 라 하던 것이 아그배나무로 변한 것

## 잎

어긋나기.
달걀꼴 타원형이며,
3~5갈래의 결각이 있다.
잎가장자리에 날카로운
톱니가 있다.

50%

## 꽃

양성화.
짧은가지에서
4~8개의
흰색 꽃이
산방꽃차례로
모여 핀다.
4~5월

## 열매

이과. 구형이며, 붉은색으로 익
는다. 신맛과 떫은맛이 난다.
9~10월

## 겨울눈

자갈색이고
긴 달걀형이며,
끝이 뾰족하다.
3~4장의
눈비늘조각에
싸여있다.

## 수피

오래되면 회갈색이 되
며, 세로로 갈라져서
조각으로 떨어진다.

꽃자루가 실처럼 발달하여 안개처럼 보인다

# 안개나무

*Cotinus coggygria*
[옻나무과 안개나무속]

• 낙엽소교목 • 수고 3~5m • 분포 전국에 식재
• 유래 꽃이 진 후에 꽃자루가 실처럼 길게 뻗어서 안개가 낀 것처럼 보이기 때문에 붙인 이름

## | 잎

어긋나기.
달걀형 또는 거꿀달걀형이며,
가지 끝에 모여난다.
가을의 단풍이 아름답다.

60%

## | 꽃

암꽃차례

수꽃차례

암수딴그루. 가지 끝에 연한 자주색의 작은 꽃이 핀다. 꽃이 진 후에 꽃자루가 실처럼 길게 뻗어서 솜사탕처럼 보인다. 5~7월

## | 열매

핵과.
납작한 콩팥 모양이며,
열매자루에 긴 실 같은
털이 있다.
9~10월

## | 수피

연한 회갈색이고 세
로줄과 껍질눈이 산
재해 있다. 성장함에
따라 비늘 모양으로
벗겨진다.

## | 겨울눈

원추형이고 적갈색을
띠며, 가지 끝에 모여
난다.

사과나무를 접붙일 때, 대목으로 많이 이용된다

# 야광나무

낙엽교목
상록교목
**낙엽소교목**
상록소교목
낙엽관목
상록관목
낙엽덩굴
상록덩굴

*Malus baccata*
[장미과 사과나무속]

• 낙엽소교목 • 수고 6m • 분포 지리산 이북의 산지 및 계곡 가장자리 • 유래 무리를 지어 하얗게 꽃핀 모습이, 밤에 보면 마치 빛을 발하는 것 같다 하여 붙인 이름

## | 잎

어긋나기.
잎 모양은 타원형이며,
잎끝이 꼬리처럼 뾰족하고
잎자루가 길다.

100%

## | 꽃

양성화.
짧은가지에
흰색 꽃이
모여 피며,
은은한
향기가 난다.
4~6월

## | 열매

이과.
구형이며,
붉은색으로 익는다.
떫은 맛이 난다.
9~10월

## | 겨울눈

## | 수피

회갈색을 띠고 밋밋
하며, 광택이 있다.
오래되면 회색이 되
며, 세로로 갈라져 너
덜너덜해진다.

달걀형 또는 원뿔
형이며, 3~4장의
눈비늘조각에 싸여
있다. 눈비늘조각
가장자리에 회색
털이 있다.

절개지나 붕괴지 등 환경교란이 일어난 곳에 가장 먼저 나오는 선구식물

# 예덕나무 *Mallotus japonicus* 〔대극과 예덕나무속〕

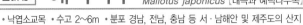

• 낙엽소교목 • 수고 2~6m • 분포 경남, 전남, 충남 등 서·남해안 및 제주도의 산지
• 유래 한자 이름 야오동(野梧桐) 혹은 야동(野桐)이 야동나무를 거쳐 예덕나무가 된 것

## | 잎

40%

어긋나기.
어린 나무의 잎은
3갈래로 얕게 갈라진다.
잎몸 밑부분에
2개의 꿀샘이 있다.

▲ 새잎

## | 꽃

암꽃차례

수꽃차례

암수딴그루. 새가지 끝의 원추꽃차례에 연황색의
꽃이 모여 핀다. 암꽃과 수꽃의 피는 시기가 다르
다. 6~7월

## | 열매

삭과.
세모꼴의 둥근형이며
갈색으로 익는다.
8~10월

## | 수피

회갈색이며, 성장함
에 따라 세로로 길고
가는 그물망 모양이
된다.

## | 겨울눈

눈비늘이 없는 맨눈이
며, 별모양의 털이 많다.
잎맥의 주름이 보인다.

낙엽교목

상록교목

낙엽소교목

상록소교목

낙엽관목

상록관목

낙엽덩굴

상록덩굴

활엽수이면서 비늘 모양의 잎을 가지고 있다

# 위성류

*Tamarix chinensis* 〔위성류과 위성류속〕

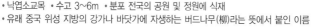

• 낙엽소교목 • 수고 3~6m • 분포 전국의 공원 및 정원에 식재
• 유래 중국 위성 지방의 강가나 바닷가에 자생하는 버드나무(柳)라는 뜻에서 붙인 이름

## | 잎

어긋나기.
활엽수에 속하지만,
비늘 모양의 잎을 가지고 있다.

30%

## | 꽃

양성화.
1년에 봄과 가을
두 차례 꽃이 핀다.
봄꽃이 크지만
결실하지 않는
경우가 대부분이다.
5월, 9월

## | 열매

삭과. 익으면 3갈래로 갈라진다.
10월

## | 겨울눈

눈비늘조각에 싸여있으
며, 작아서 눈에 잘 띄지
않는다.

## | 수피

회녹색이며, 코르크
층이 발달한다. 성장
함에 따라 세로로 줄
이 생기고 융기한다.

165

소코뚜레로 사용하여, 코뚜레나무라고도 한다

# 윤노리나무

*Pourthiaea villosa*
[장미과 윤노리나무속]

• 낙엽소교목 • 수고 2~5m • 분포 중부 이남의 산지에 분포. 제주도, 울릉도 • 유래 나뭇가지를 윷짝을 만드는데 이용했기 때문에, '윷놀이나무'라고 부르다가 윤노리나무가 된 것

## | 잎

100%

어긋나기.
거꿀달걀형이며,
가장자리에
겹톱니가 있다.
잎 양면에 털이 많다.

## | 겨울눈

원추형이며,
3~4장의 눈비늘조각에 싸여있다.
낙엽이 진 후에도 잎자루가 남아 있어
겨울눈을 보호한다.

## | 꽃

양성화.
새가지 끝에 흰색 꽃이
10~20개 또는
그 이상 모여 핀다.
4~5월

## | 열매

이과. 달걀형 또는 타원형이며,
붉은색으로 익는다. 약간 떫고 단
맛이 난다. 9~10월

## | 수피

연한 회갈색 또는 회
갈색이고 평활하다.
성장함에 따라 눈금
처럼 가로로 주름이
생긴다.

낙엽교목
상록교목
낙엽소교목
상록소교목
낙엽관목
상록관목
낙엽덩굴
상록덩굴

합환수 · 합혼수 · 야합수 등 부부의 금슬이 좋음을 뜻한다

# 자귀나무

*Albizia julibrissin*
〔콩과 자귀나무속〕

• 낙엽소교목  • 수고 4~10m  • 분포 황해도 이남의 산지 및 하천변
• 유래 자귀대(연장 손잡이)를 만드는데 사용된 나무였기 때문에 붙인 이름

## 잎

30%

어긋나기.
15~30쌍의 작은잎이
다시 깃꼴이 붙는
2회짝수깃꼴겹잎이다.
양쪽의 작은잎은
밤에 서로 합쳐진다.

## 꽃

양성화. 가지 끝에 15~20개의 연
한 홍색 꽃이 모여 핀다. 수술은
25개 정도이며 꽃잎 밖으로 길게
나온다. 6~7월

## 열매

협과. 납작한 긴 타원형이며,
갈색으로 익는다. 10~12월

## 겨울눈

잎자국 속에 숨어
보이지 않는다(묻힌눈).
봄에 잎자국이
갈라지고 그 속에서
겨울눈이 나온다.

## 수피

녹색을 띤 연한 회갈
색이며, 평활하다. 점
차 어두운 회갈색으
로 변하며, 껍질눈이
많이 생긴다.

167

동백나무가 자라지 않은 지역에서는 씨앗으로 머릿기름을 만들었다

# 쪽동백나무

*Styrax obassia*
[때죽나무과 때죽나무속]

• 낙엽소교목 • 수고 10~15m • 분포 전국의 산지
• 유래 기름을 짜서 쓰는 동백나무보다 작은 열매가 열린다 하여 붙인 이름

## | 잎

20%

## | 꽃

양성화.
새가지 끝부분에서
20개 정도의
흰색 꽃이 아래를
향해 핀다.
5~6월

어긋나기.
큰 잎 밑에 작은잎이
2장 달리는 경우가 많다.
겨울눈이 잎자루 속에
들어 있다(엽병내아).

## | 열매

삭과.
달걀 모양의 구형이며,
회백색으로 익는다.
9~10월

▲ 엽병내아
겨울눈이 잎자루의 기부 속에
감싸여 있는 것. 葉柄內芽

## | 겨울눈

## | 수피

짙은 회갈색이고 평활
하다. 성장함에 따라
회흑색이 되고, 세로
로 얇게 갈라진다.

눈비늘이 없는 맨눈이며,
황갈색의 털로 덮여있다.
잎자루 밑부분에 싸여있다

낙엽교목
상록교목
**낙엽소교목**
상록소교목
낙엽관목
상록관목
낙엽덩굴
상록덩굴

암술이 긴 장주화와 수술이 긴 단주화가 핀다

# 참빗살나무 *Euonymus hamiltonianus*
[노박덩굴과 화살나무속]

• 낙엽소교목 • 수고 3~8m • 분포 중부 이남 산지의 숲 가장자리
• 유래 참빗의 살을 만드는데 사용되었기 때문에 붙인 이름

## | 잎

마주나기.
긴 타원형이며, 가장자리에
고르지 않은 잔톱니가 있다.
잎끝이 길게 뾰족하다.

50%

## | 꽃

장주화      단주화

양성화. 전년지의 잎겨드랑이에 황록색 꽃이 모여 핀다. 꽃은
암술과 수술의 길이에 따라 장주화와 단주화의 2종류가 있다.
5~6월

## | 열매

삭과.
4개의 각이 지는
네모꼴 하트형이다.
연한 홍색이고,
익으면 4갈래로 갈라진다.
10~11월

## | 겨울눈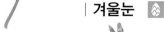

녹색~갈색의 물방울형
이며, 8~12장의 눈비
늘조각에 싸여있다.
주위에 흰색 테두리가
있다.

## | 수피

회갈색이며, 세로로
얕게 갈라진다. 성장
함에 따라 세로줄 무
늬나 그물 모양으로
굵게 갈라진다.

169

중국 이름도 두리(豆梨), 일본 이름도 마메나시(豆梨)

# 콩배나무

*Pyrus calleryana* var. *fauriei*
〔장미과 배나무속〕

• 낙엽소교목 • 수고 5~8m • 분포 경기도 이남(주로 전라도)의 낮은 산지
• 유래 콩알처럼 작은 열매가 열리고, 열매 껍질이 배껍질과 비슷하기 때문에 붙인 이름

## | 잎

어긋나기.
넓은 달걀형이며, 가장자리에 잔 톱니가 있다.
잎끝이 길게 뾰족하다.

70%

## | 꽃

양성화.
잎이 나면서 함께,
가지 끝에 5~9개의
흰색 꽃이 모여 핀다.
4~5월

## | 열매

이과. 구형이며, 황갈색 또는
흑갈색으로 익는다. 단맛이
난다. 9~10월

## | 겨울눈

세모꼴 달걀형 또는 둥근 원뿔
형이며, 끝이 뾰족하다. 눈비
늘에 성기게 가는 털이 있다.

## | 수피

회갈색 또는 흑갈색
이며, 오래되면 그물
모양으로 갈라진다.

170

북한에서는 목란(木蘭)이라 하며, 나라꽃이다

# 함박꽃나무

*Magnolia sieboldii*
[목련과 목련속]

낙엽교목
상록교목
낙엽소교목
상록소교목
낙엽관목
상록관목
낙엽덩굴
상록덩굴

• 낙엽소교목 • 수고 7~10m • 분포 함북을 제외한 전국의 산지
• 유래 목련속 나무이며, 함박꽃(작약꽃)과 비슷한 꽃을 피운다 하여 붙인 이름

## | 잎

어긋나기.
넓은 거꿀달걀형이며,
톱니가 없다.
턱잎자국이 가지를
한 바퀴 돈다.

30%

## | 꽃

양성화. 잎이 난 후에 가지 끝에 흰
색 꽃이 옆이나 아래를 향해 달린다.
좋은 향기가 난다. 5~6월

## | 겨울눈

끝눈은 길쭉하고 끝이 뾰족하며,
가죽질의 큰 눈비늘조각에
싸여있다.

## | 수피

## | 열매

회백색이며, 평활하
다. 성장함에 따라 사
마귀같은 껍질눈이
발달하고 세로줄이
생긴다.

골돌과. 긴 타원형이
며, 붉은색으로 익는
다. 9~10월

# 상록소교목

교목 중에서 수고가
대략 3~8m 정도의 소형이며,
겨울에도 잎이 지지 않는 나무

속껍질에서 얻은 수액은 끈끈해서, 접착제로 이용되었다

# 감탕나무

*llex integra* 〔감탕나무과 감탕나무속〕

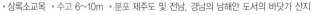

• 상록소교목 • 수고 6~10m • 분포 제주도 및 전남, 경남의 남해안 도서의 바닷가 산지
• 유래 단 맛이 나는 액체나 국물이라는 뜻의 '감탕(甘湯)'에서 유래된 이름으로, 나무껍질에 상처를 내어 수액을 받아 굳히면 감탕을 얻는다.

## | 잎

어긋나기.
타원형이며, 잎가장자리는 밋밋하다.
양면의 잎맥이 거의 보이지 않는다.

90%

## | 꽃

암꽃

수꽃

암수딴그루. 전년지 잎겨드랑이에 황록색의 꽃이 모여 핀다. 3~5월

## | 겨울눈

▲ 꽃눈　　▲ 잎눈
잎눈은 원추형이며, 꽃눈은 새가지의 잎겨드랑이에 붙는다.

## | 열매

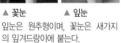

핵과. 구형이며 적색으로 익는다. 10~12월

## | 수피

연한 회갈색이고 얕은 세로줄이 있다. 처음에는 평활하나 점차 거칠어진다.

가을에 강한 향기가 나는 꽃을 피운다

# 구골나무

*Osmanthus heterophyllus*
[물푸레나무과 목서속]

낙엽교목
상록교목
낙엽소교목
상록소교목
낙엽관목
상록관목
낙엽덩굴
상록덩굴

• 상록소교목 • 수고 4~8m • 분포 남부 지역의 공원이나 정원에 식재 • 유래 한자 이름
구골(狗骨)에서 유래된 것으로, 줄기의 색깔이 개의 마른 뼈 색깔과 비슷한데서 붙인 이름

## 잎

마주나기.
잎몸은 가죽질이고
앞면에 광택이 있다.
어린잎에는
3~5쌍의 가시가 있다.

100%

## 꽃

암꽃  수꽃

암수딴그루. 잎겨드랑이에 흰색 꽃이 모여 피는데, 향기가 매
우 좋다. 11~12월

## 열매

핵과. 타원형이며, 대부분 수
그루이기 때문에 열매를 맺지
않는다. 다음해 6~7월

## 겨울눈

녹갈색이고
달걀형이며,
끝이 뾰족하다.
표면에 짧은
털이 밀생한다.

## 수피

회색 또는 연한 회갈
색을 띠며, 둥근 껍질
눈이 발달한다.

175

묵은 잎과 새 잎의 교체가 순조롭게 이루어지는 나무

# 굴거리나무 *Daphniphyllum macropodum*
[굴거리나무과 굴거리나무속]

• 상록소교목 • 수고 3~10m • 분포 울릉도, 전북, 전남 및 제주도의 산지
• 유래 무당이 굿거리를 할 때, 이 나무의 가지를 흔들었기 때문에 붙인 이름

## | 잎

어긋나며, 잎몸은 가죽질이고
앞면에는 광택이 있다.
새잎은 곧추서고,
오래된 잎은
밑으로 처진다.

30%

## | 꽃

암꽃차례

수꽃차례

암수딴그루. 잎겨드랑이에서 나온 총상꽃차례에 꽃잎이 없는
꽃이 모여 핀다. 5~6월

## | 열매

핵과.
달걀 모양의 타원형이며,
흑자색으로 익는다.
표면에 흰색 분이 생긴다.
11~12월

## | 겨울눈

붉은색을 띠며,
좁은 타원형이다.
잎자루가 변한
여러 개의
눈비늘조각에
싸여있다.

## | 수피

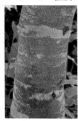

회갈색이고 껍질눈과
세로줄이 있으나 평
활하다.

열매에는 관절에 좋은 성분이 들어있다

# 까마귀쪽나무 *Litsea japonica*
[녹나무 까마귀쪽나무속]

낙엽교목
상록교목
낙엽소교목
상록소교목
낙엽관목
상록관목
낙엽덩굴
상록덩굴

• 상록소교목 • 수고 7~10m • 분포 제주도 바닷가 및 인근 산지
• 유래 쪽빛보다 더 진한, 까마귀색의 검은 열매가 열리는 나무라는 뜻으로 붙인 이름

## | 잎

어긋나기.
긴 타원형이고,
가장자리는 밋밋하다.
앞면은 두꺼운 가죽질이고
광택이 나며,
뒷면은 황갈색 털이
밀생한다.

60%

## | 꽃

암꽃

수꽃

암수딴그루. 5~6개의 밝은 황백색 꽃이 잎겨드랑이에서 나온
복산형꽃차례에 달린다. 9~10월

## | 열매

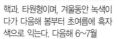

핵과. 타원형이며, 겨울동안 녹색이
다가 다음해 봄부터 초여름으로 흑자
색으로 익는다. 다음해 6~7월

## | 겨울눈

잎눈은 긴 타원형이며, 끝이 조금
뾰족하다. 꽃눈은 구형이고, 새가
지의 잎겨드랑이에 붙는다.

## | 수피

진한 갈색이고 평활
하며, 작은 껍질눈이
많다.

중국 이름은 산다(山茶), 일본 이름은 쯔바키(椿木)

# 동백나무 *Camellia japonica* [차나무과 동백나무속]

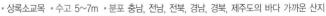

• 상록소교목 • 수고 5~7m • 분포 충남, 전남, 전북, 경남, 경북, 제주도의 바다 가까운 산지
• 유래 겨울에도 잣나무나 측백나무처럼 잎이 푸른 채로 있기 때문에 붙인 이름

## | 잎

어긋나기.
긴 타원형이며,
잎끝이 뾰족하다.
재질은
두꺼운 가죽질이며,
앞면은
강한 광택이 난다.

50%

## | 꽃

양성화.
붉은색 꽃이
가지 끝이나
잎겨드랑이에
핀다.
11월~다음해 4월

## | 열매

삭과.
구형이고 녹색 바탕에
붉은색을 띠며,
익으면 3갈래로
갈라진다.
9~10월

## | 겨울눈

5~7장의
눈비늘조각에
싸여있으며,
잎눈은
길쭉하고
꽃눈은 둥글다.

## | 수피

연한 황갈색 또는 연
한 회갈색이며, 표면
은 매우 평활하다.

소나무의 변종으로, 여러 개의 줄기가 자라는 주립형 소나무

# 반송

*Pinus densiflora* for. *multicaulis*
[소나무과 소나무속]

낙엽교목
상록교목
낙엽소교목
상록소교목
낙엽관목
상록관목
낙엽덩굴
상록덩굴

• 상록소교목 • 수고 6~8m • 분포 전국적으로 분포 • 유래 원줄기에서 여러 개의 가지가
나와서 소반(盤)처럼 넓게 퍼지는 수형을 가진 소나무이기 때문에 붙인 이름

## | 잎

한 다발에 2개의
바늘잎이 모여 나며,
잎의 촉감이
부드러운 편이다.

80%

## | 꽃

암꽃이삭          수꽃이삭

암수한그루. 수꽃이삭은 타원형이며 황색을 띠고, 암꽃
이삭은 달걀형이며, 자주색을 띤다. 4~5월

## | 열매

구과. 달걀 모양이며, 황갈
색으로 익는다. 다음해
9~10월

## | 겨울눈

타원상의 달걀형이고, 적
갈색을 띤다. 가지 끝에 여
러 개가 모여 달린다.

## | 수피

적갈색을 띠며, 오래
되면 종잇장처럼 불
규칙한 껍질조각으로
벗겨진다.

# 붓순나무 *Illicium anisatum* 〔붓순나무과 붓순나무속〕

• 상록소교목 • 수고 3~5m • 분포 남해안 일부 도서(진도, 완도), 제주도의 숲속
• 유래 새순과 꽃봉오리가 붓처럼 생겨서 붙인 이름

## | 잎

어긋나기.
긴 타원형이며, 가장자리는 밋밋하다.
잎을 자르면 특유의 향기가 난다.

60%

## | 꽃

양성화.
꽃봉오리 모양이 붓과
비슷하다(이름의 유래).
연한 녹백색의 꽃이 피며,
향기가 강하다.
3~4월

## | 열매

골돌과. 바람개비처럼 배열되며,
골돌마다 종자가 1개씩 들어 있다.
9~10월

## | 겨울눈

잎눈은
긴 달걀형이며
몇 장의
눈비늘조각에
싸여있다.
꽃눈은
구형이다.

## | 수피

회갈색 또는 자갈색
이며, 껍질눈이 많지
만 평활하다. 오래되
면 세로로 얕게 갈라
진다.

일본에서는 신전에 바치는 귀한 나무

# 비쭈기나무

*Cleyera japonica*
[차나무과 비쭈기나무속]

낙엽교목
상록교목
낙엽소교목
상록소교목
낙엽관목
상록관목
낙엽덩굴
상록덩굴

• 상록소교목 • 수고 6~10m • 분포 남해안 도서 지역 및 제주도의 산지
• 유래 가늘고 굽은 갈고리 모양의 겨울눈이 '비쭉'한 것에서 유래된 이름

## 잎

어긋나기.
긴 타원형이며,
가장자리는 밋밋하다.
표면은 짙은 녹색이고
광택이 난다.

60%

## 꽃

양성화.
전년지의
잎겨드랑이에
1~3개의
황백색 꽃이
모여 핀다.
6~7월

## 열매

장과. 타원형 또는 구형이며, 흑
자색으로 익는다. 11~12월

## 겨울눈

눈비늘이 없는 맨눈이다. 끝눈은 길
게 비쭉 나와 있다(이름의 유래).

## 수피

짙은 적갈색이고 평
활하며, 작은 껍질눈
이 발달한다.

집에 비파나무가 있으면, 의사가 2명 있는 것과 같다

# 비파나무

*Eriobotrya japonica*
[장미과 비파나무속]

•상록소교목 •수고 6~10m •분포 제주도 및 남해안 지역에서 재배 •유래 악기 비파(琵琶)의
소리통이 비파(枇杷)나무의 동그란 열매를 닮아서, 음만 빌려 붙인 이름

## | 잎

어긋나기.
타원상의 긴 달걀형이며,
현악기 비파와 비슷한 모양이다.
잎면은 딱딱하며, 요철이 많다.

20%

## | 꽃

양성화.
가지 끝에 연한
황백색 꽃이 모여 핀다.
꽃받침은 연한 갈색이다.
10~11월

## | 열매

이과.
구형 또는
거꿀달걀형이며,
등황색으로
익는다.
다음해 5~6월

## | 겨울눈

꽃눈은
타원형 또는
긴 달걀형이고,
가지 끝에
달린다.
갈색의
비단 털로
덮여있다.

## | 수피

암갈색 또는 회갈색
이며, 껍질눈과 세로
줄이 있다. 오래되면
가로로 주름선이 생
긴다.

소철과에 소철 한 종류만 존재하며, 역사가 오래된 화석식물

# 소철

*Cycas revoluta* [소철과 소철속]

낙엽교목
상록교목
낙엽소교목
상록소교목
낙엽관목
상록관목
낙엽덩굴
상록덩굴

• 상록소교목 • 수고 1~6m • 분포 제주도 및 남부 지방에 조경수로 식재
• 유래 나무가 쇠약해져 있을 때, 철분(鐵)을 공급하면 소생(蘇)하기 때문에 붙인 이름

## | 잎

홀수깃꼴겹잎.
줄기의 끝부분에는 모여 달리고,
작은잎자루는 어긋난다.

80%

## | 꽃

암배우체

수배우체

암수딴그루. 수배우체의 수꽃이삭은 장타원형의 기둥
모양이고, 암배우체의 생식기관에는 대포자엽이 모여
달린다. 6~8월

## | 열매

종자는 타원형 또는 거꿀달걀형
이며, 적색으로 익는다. 9~10월

## | 겨울눈

## | 수피

수피의 표면에 잎이
붙어있던 자국이 나
선상으로 밀생한다.

183

꽃이 질 때 꽃봉오리째 떨어지는 동백꽃과 달리, 꽃잎이 흩날리며 떨어진다

# 애기동백나무
*Camellia sasanqua*
[차나무과 동백나무속]

• 상록소교목 • 수고 5~7m • 분포 남해안 일대 및 제주도에 식재
• 유래 동백나무와 비슷한데, 잎이 동백나무보다 조금 작기 때문에 붙인 이름

## | 잎

어긋나기.
타원형 또는 긴 타원형이며,
물결 모양의 잔톱니가 있다.

100%

## | 꽃

양성화.
잎겨드랑이 또는
가지 끝에
1개씩 핀다.
붉은색, 흰색,
분홍색 등
꽃색이 다양하다.
11월~1월

## | 열매

삭과. 구형이고 붉은색으로 익
으며, 3~4갈래로 갈라진다.
다음해 8~9월

## | 겨울눈

달걀형이며,
흰색 털이 있다.
5~7장의
눈비늘조각에
싸여있다.

## | 수피

매우 평활하다. 성장
하면서 회백색이나 회
갈색에서 점차 연한
적갈색으로 변한다.

낙엽교목
상록교목
낙엽소교목
상록소교목
낙엽관목
상록관목
낙엽덩굴
상록덩굴

봄에 나오는 새잎이 단풍처럼 붉다

# 홍가시나무

*Photinia glabra*
[장미과 윤노리나무속]

• 상록소교목 • 수고 3~10m • 분포 제주도 및 남부지방에 식재
• 유래 잎이 가시나무 잎과 비슷하며, 새잎이 붉은색으로 돋기 때문에 붙인 이름

## | 잎

어긋나기.
긴 타원형이며,
작고 예리한 톱니가 있다.
봄에 나오는
새잎은 붉은색을
띤다(이름의 유래).

80%

## | 꽃

양성화. 새가지 끝에 자잘한 흰색
꽃이 모여 핀다. 5~6월

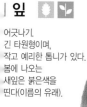

▲ 새잎

## | 열매

이과. 달걀꼴 구형이며, 붉은색
으로 익는다. 10~12월

## | 겨울눈

적갈색이며, 눈비늘조각이 포
개지면서 뒤로 젖혀진다.

## 수피

회갈색이며, 껍질눈
이 있다. 성장함에 따
라 현저하게 갈라지
고, 작은 조각으로 떨
어진다.

185

# Chapter 05

# 낙엽관목

주간과 가지의 구별이 확실하지 않고
지면에서부터 여러 개의 가지가 나오며,
겨울에 잎이 떨어지는 수고 0.3~3m
정도의 나무

꽃말은 '사랑은 죽음보다 강하다'

# 가막살나무

*Viburnum dilatatum*
[산분꽃나무과 산분꽃나무속]

• 낙엽관목 • 수고 2~3m • 분포 황해, 강원 이남의 산과 들
• 유래 열매를 까마귀가 잘 먹기 때문에 '까마귀의 쌀나무'라는 뜻에서 붙인 이름

| 잎

마주나기.
원형 또는 넓은 달걀형이며,
가장자리에 물결 모양의 톱니가 있다.

50%

| 꽃

양성화.
새가지 끝에
흰색 꽃이 모여 핀다.
5~6월

| 겨울눈

달걀형이며,
끝이 뾰족하다.
2~4장의 눈비늘조각에
싸여있다.

| 열매

핵과. 넓은 달걀형이며, 붉은색으
로 익는다. 겨울에도 가지에 달려
있다. 9~10월

| 수피

짙은 회갈색이며, 껍질
눈이 있고 평활하다.

주황색 단풍잎이 이듬해 봄까지 가지에 붙어 있다

# 감태나무

*Lindera glauca*
[녹나무과 생강나무속]

• 낙엽관목 • 수고 5~8m • 분포 충청남도 이남의 산지, 해안지역은 황해도 및 강원도까지
• 유래 줄기가 검은 때가 긴 것처럼 거무스름하기 때문에 붙인 이름

낙엽교목
상록교목
낙엽소교목
상록소교목
**낙엽관목**
상록관목
낙엽덩굴
상록덩굴

## | 잎

어긋나기.
타원형 또는 긴 타원형.
가죽질이고 다소 두꺼우며,
가장자리는
밋밋한 물결 모양이다.

70%

## | 꽃

암꽃

수꽃

암수딴그루.
잎과 동시에
잎겨드랑이에서
연황색의 꽃이
산형꽃차례로 핀다.
4~5월

## | 열매

장과. 구형이며 흑색으로 익는
다. 10~11월

## | 수피

연한 갈색이고 작은
눈껍질이 흩어져있다.

## | 겨울눈

꽃눈과 잎눈이 함께 들어있는
섞임눈이며, 7~8장의 눈비늘
조각에 싸여있다.

189

암꽃 역할을 하는 장주화와 수꽃 역할을 하는 단주화가 핀다

# 개나리 *Forsythia koreana* [물푸레나무과 개나리속]

• 낙엽관목 • 수고 2~3m • 분포 전국의 공원 및 정원에 관상수로 식재
• 유래 백합과의 나리꽃과 비슷하지만, 이보다 조금 덜 아름답다는 뜻으로 붙인 이름

## | 잎

마주나며, 피침형 또는 긴 타원형이다.
가장자리 1/3 이상의 상반부에
날카로운 톱니가 있다.

50%

## | 꽃

단주화

장주화

양성화.
암술이 수술보다
긴 장주화
(암꽃 역할)와
암술이 수술보다
짧은 단주화
(수꽃 역할)가 있다.
3~4월

## | 겨울눈

긴 타원형이고
끝이 뾰족하며,
12~16장의 눈비늘조각에
싸여있다.

## | 열매

삭과.
달걀형이며
갈색으로 익는다.
종자는 긴 타원형이고
가장자리에
날개가 있다.
10~11월

## | 수피

점차 회갈색으로 변
하고, 껍질눈이 뚜렷
하게 나타난다.

어릴 때는 잎에 붉은 자주색의 얼룩이 있다가 차츰 없어진다

# 개암나무
*Corylus heterophylla*
[자작나무과 개암나무속]

낙엽교목
상록교목
낙엽소교목
상록소교목
**낙엽관목**
상록관목
낙엽덩굴
상록덩굴

• 낙엽관목 • 수고 3~4m • 분포 전북, 경북 이북의 산지 숲 가장자리
• 유래 열매의 맛과 모양이 밤과 비슷해서 '개밤' 이라 부르다 개암으로 변한 것

## 잎

어긋나며, 가장자리에 불규칙한 치아 모양의 겹톱니가 있다. 어린 잎에는 적자색 반점이 나타나지만 점차 사라진다.

30%

▲ 얼룩무늬 잎

## 꽃

암꽃차례

수꽃차례

암수한그루. 수꽃차례는 전년지에 아래로 달린다. 암꽃차례는 적색의 암술대가 겨울눈의 비늘조각 밖으로 나온다. 3~4월

## 열매

견과. 달걀형 또는 구형이며, 종 모양의 포가 감싼다. 담백한 맛이 난다. 8~9월

## 겨울눈

달걀형이며, 5~8장의 눈비늘조각에 싸여있다. 수꽃눈은 맨눈 상태로 겨울을 난다.

## 수피

견한 갈색이나 회색을 띠며, 껍질눈이 있고 평활하다.

포류(蒲柳)라고도 하며, 강가에서 많이 자란다

# 갯버들

*Salix gracilistyla* [버드나무과 버드나무속]

• 낙엽관목 • 수고 1~3m • 분포 제주도를 제외한 전국의 하천 및 습지
• 유래 버드나무속 나무인데, 갯가에서 잘 자라기 때문에 붙인 이름

## | 잎

어긋나기.
긴 타원형이며,
가장자리에는 잔톱니가 있다.

60%

## | 꽃

암꽃차례

수꽃차례

암수딴그루. 지난해에 자란 가지의 잎겨드랑이에서 잎
보다 먼저 꽃이 핀다. 3~4월

## | 겨울눈

꽃눈은
물방울형이며 굵고,
아래쪽이 부풀어 있다.
잎눈은
꽃눈보다 작고 가늘다.

## | 열매

삭과. 열매이삭은 원주형이며,
성숙하면 열리고 솜털에 싸인
종자가 나온다. 4~5월

## | 수피

회녹색이고 평활하지
만, 오래되면 세로로
불규칙하게 갈라진다.

192

꽃이 매화꽃을 닮아서 산매화라고도 부른다

# 고광나무

*Philadelphus schrenkii*
[수국과 고광나무속]

낙엽교목
상록교목
낙엽소교목
상록소교목
낙엽관목
상록관목
낙엽덩굴
상록덩굴

• 낙엽관목 • 수고 2~4m • 분포 전국 산과 들의 숲가장자리 • 유래 흰색꽃이 멀리서 보이는 외로운 빛, 고광(孤光) 혹은 무리로 피어 밤을 밝힌다는 의미로 붙인 이름

## | 잎

마주나기.
달걀형이며, 가장자리에는
톱니가 드문드문 나있다.

70%

## | 꽃

양성화.
가지 끝에서
총상꽃차례의
흰색 꽃 3~9개가
모여 핀다.
4~6월

## | 겨울눈

겨울눈은 잎자국 속에 있어
보이지 않는다(묻힌눈).
봄에 잎자국이 갈라지면서
눈이 나온다.

## | 열매

삭과. 타원형 또는 구형이
며, 종자는 한쪽 끝에 긴
날개가 있다. 9~10월

## | 수피

성장함에 따라 회갈
색이 되고, 리본 모양
으로 세로로 얇게 벗
겨진다.

193

열매는 작고 납작한 풍선 모양의 삭과

# 고추나무

*Staphylea bumalda*
〔고추나무과 고추나무속〕

• 낙엽관목 • 수고 3~5m • 분포 전국의 산골짜기 및 산기슭
• 유래 나뭇잎 모양과 하얀 꽃이 고추의 잎과 꽃을 닮아서 붙인 이름

## | 잎

마주나기.
작은잎이 3장 달리는 세겹잎.
작은잎은 타원형이고,
가장자리에는 잔톱니가 있다.

50%

## | 꽃

양성화.
가지 끝에 흰색 꽃이
모여 피며,
좋은 향기가 난다.
5~6월

## | 겨울눈  | 열매

달걀형이며,
2개의 눈비늘조각에
싸여있다.
보통 가짜끝눈이
2개 붙는다.

삭과.
고무 베개처럼
부푼 반원형이며,
윗부분이
2갈래로
갈라져있다.
9~10월

## | 수피

회갈색이며, 성장함에
따라 세로로 얕게 갈
라진다.

뿌리를 달여서 먹으면, 뼈 질환에 효과가 있다

# 골담초

*Caragana sinica* [콩과 골담초속]

• 낙엽관목 • 수고 1~2m • 분포 중부 이남에서 약용으로 재배하거나 관상용으로 식재
• 유래 '뼈를 책임지는 풀'이란 뜻의 중국 이름 골담초(骨擔草)를 차용한 것

낙엽교목
상록교목
낙엽소교목
상록소교목
낙엽관목
상록관목
낙엽덩굴
상록덩굴

## | 잎

어긋나기.
작은잎이 2쌍인
짝수깃꼴겹잎.
작은잎은
타원형이고,
가장자리는
밋밋하다.

100%

## | 꽃

양성화.
잎겨드랑이에
노란색 꽃이
1~2개씩 핀다.
단맛이 나며
먹기도 한다.
4~5월

## | 겨울눈

## | 열매

협과.
원통형으로
익지만,
드물게
결실한다.
7~8월

타원형 또는 달걀형이고
끝이 뾰족하며,
털로 덮여있다.

## | 수피

흑갈색이며, 가로로 긴
껍질눈이 발달한다.
가시가 있다.

인동과 인동속이며, 인동덩굴과 비슷한 꽃을 피운다

# 괴불나무

*Lonicera maackii* [인동과 인동속]

• 낙엽관목 • 수고 2~6m • 분포 전국의 낮은 산지 숲 가장자리 및 계곡 부근 • 유래 꽃 모양이 아이들이 주머니 끈 끝에 차는 세모 모양의 노리개인 '괴불'을 닮았다 하여 붙인 이름

## 잎

마주나기.
달걀 모양의 타원형이며,
가장자리는 밋밋하다.

90%

## 꽃

양성화.
잎겨드랑이에 흰색 꽃이
쌍으로 피었다가
노란색으로 변한다.
좋은 향기가 난다.
5~6월

## 겨울눈

가지 끝에 달걀형의
가짜끝눈 2개가
달려있다.
14~16장의 눈비늘조각에
싸여있다.

## 열매

장과. 구형이며 붉은색으로 익는
다. 맛이 무척 쓰다. 9~10월

## 수피

회갈색이며, 오래되면
세로로 얕게 갈라져서
벗겨진다.

196

인삼, 하수오와 함께 3대 보약재로 꼽힌다

# 구기자나무 *Lycium chinense*
[가지과 구기자나무속]

낙엽교목
상록교목
낙엽소교목
상록소교목
**낙엽관목**
상록관목
낙엽덩굴
상록덩굴

• **낙엽관목** • **수고** 1~2m • **분포** 전국의 산야 및 민가 주변에 분포
• **유래** 탱자(枸)와 같은 가시가 있고 고리버들(杞)처럼 가지가 늘어진다는 뜻이며, 자(子)는 약으로 쓰이는 열매를 뜻한다.

## | 잎

어긋나기.
넓은 달걀형이며,
가장자리는
밋밋하다.
잎의 촉감이
부드럽다.

70%

## | 꽃

양성화.
짧은가지의
잎겨드랑이에
1~3개의
보라색 꽃이
모여 핀다.
6~9월

## | 열매

장과.
타원형 또는 달걀형이며,
적색으로 익는다.
열매 안에
10~20개의 종자가 들어 있다.
8~11월

## | 겨울눈

겨울눈은 작고 가시
밑에 붙는다. 4~6개
의 눈비늘조각에 싸여
있다.

## | 수피

껍질눈이 많으며, 밑
에서 많은 줄기가 나
와 덩굴처럼 자란다.

197

정원에 관상용으로 심으며, 양봉 농가에서는 밀원식물로 쓴다

# 국수나무

*Stephanandra incisa*
〔장미과 국수나무속〕

• 낙엽관목 • 수고 1~2m • 분포 함경북도를 제외한 전국의 산지
• 유래 속고갱이가 국수 가락처럼 희고 가늘기 때문에 붙인 이름

| 잎

어긋나기.
가장자리에는
몇 개의 얕은 결각과
불규칙한
겹톱니가 있다.

80%

| 꽃

양성화.
새가지 끝 또는
잎겨드랑이에 자잘한
흰색 꽃이 모여 핀다.
5~6월

| 겨울눈 

달걀형이며,
끝이 뾰족하다.
5~8장의
눈비늘조각에
싸여있다.

| 열매

골돌과.
구형이며,
하나의
씨방 안에
1~2개의
종자가
들어있다.
9~10월

| 수피 

검은 회색을 띠며, 매
끄러운 편이나 성장함
에 따라 세로로 불규
칙하게 갈라진다.

낙엽교목
상록교목
낙엽소교목
상록소교목
낙엽관목
상록관목
낙엽덩굴
상록덩굴

나무뿌리는 담배파이프의 좋은 재료

# 나무수국

*Hydrangea paniculata*
[수국과 수국속]

• 낙엽관목 • 수고 2~3m • 분포 전국에 조경수 및 정원수로 식재
• 유래 수형이 수국보다 크고, 수국과 비슷한 모양의 꽃을 피우기 때문에 붙인 이름

## | 잎

마주나기.
타원형 또는 달걀형이며,
가장자리에 날카로운 잔톱니가 있다.

50%

## | 꽃

가지 끝에
양성화와 무성화가
원추꽃차례에
함께 달린다.
7~8월

## | 겨울눈 　| 열매

원추형 또는 구형이며,
4~6장의 눈비늘조각에
싸여있다.

삭과. 긴 타원형이며, 열매 끝에 암
술대가 남아있다. 종자는 양끝에 날
개가 있다. 9~11월

## | 수피

회갈색. 오래되면 세로
로 갈라지면서, 겉껍질
이 떨어진다.

미국낙상홍은 꽃이 흰색이고 열매가 더 많이 달린다

# 낙상홍

*Ilex serrata* [감탕나무과 감탕나무속]

• 낙엽관목 • 수고 2~3m • 분포 전국에 조경수 및 정원수로 식재
• 유래 서리(霜)가 내린(落) 뒤에도 붉은(紅) 열매를 달고 있기 때문에 붙인 이름

## | 잎

어긋나기.
달걀꼴 타원형이며,
가장자리에 날카로운 톱니가 있다.
잎면의 감촉이
까슬까슬하다.

100%

## | 열매

핵과. 구형이며, 붉은색으로 익는다. 칡처럼 떫은 맛과 단맛이 난다. 9~10월

## | 꽃

암꽃

수꽃

암수딴그루. 잎겨드랑이에 연한 자주색 또는 연분홍색 꽃이 모여 핀다. 5~6월

## | 겨울눈

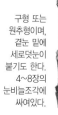

구형 또는
원추형이며,
곁눈 밑에
세로덧눈이
붙기도 한다.
4~8장의
눈비늘조각에
싸여있다.

## | 수피

짙은 회갈색을 띠며,
껍질눈이 있고 평활
하다.

봄이 오기도 전에 향기로운 꽃을 피우는 봄의 전령사

# 납매
*Chimonanthus praecox* 〔받침꽃과 납매속〕

낙엽교목
상록교목
낙엽소교목
상록소교목
**낙엽관목**
상록관목
낙엽영굴
상록영굴

• 낙엽관목 • 수고 2~3m • 분포 전국에 조경수로 식재
• 유래 납월(臘月, 음력 섣달)에 꽃이 피고, 꽃이 매화를 닮았기에 붙여진 이름

## 잎

마주나기.
긴 달걀형이며, 가장자리는 밋밋하다.
손으로 잎면을 쓸면
잎의 질감은 까슬까슬하다.

60%

## 꽃

양성화.
잎보다 먼저
노란색 꽃을
피운다.
달콤한 향기가 난다.
1~3월

## 겨울눈

꽃눈은
구형이고 15~18장,
잎눈은
달걀형이고 6~10장의
눈비늘조각에 싸여있다.

## 열매

꽃이 진 후, 꽃받기가 발달
하여 긴 달걀 모양의 헛열
매(僞果)가 열린다. 9월

## 수피

성장함에 따라 연한
회갈색이 되며, 세로로
얇게 갈라진다. 껍질눈
이 많다.

가을에 청자색을 띤 타원형의 열매를 맺는다

# 노린재나무

*Symplocos sawafutagi*
[노린재나무과 노린재나무속]

- 낙엽관목 • 수고 2~5m • 분포 전국의 산지에 흔하게 자람
- 유래 황회색 염료를 만들 때 쓰던 나무로, 타고 남은 재가 누르스름하기 때문에 붙인 이름

## | 잎

어긋나기.
반듯한 긴 타원형이며,
가장자리에 잔톱니가 있다.
잎의 질감은 거칠다.

80%

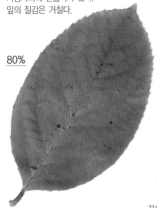

## | 꽃

양성화.
새가지 끝과
잎겨드랑이에
흰색 꽃이
모여 피며,
향기가 있다.
5월

## | 겨울눈

달걀형 또는
원추형이고
끝이 뾰족하며,
6~8장의 눈비늘조각에
싸여 있다.

## | 열매

핵과. 타원형이며, 청자색으
로 익는다. 약간 아린 맛이
난다. 9~10월

## | 수피

회갈색이고, 성장함에
따라 세로로 갈라진다.
노목에서는 코르크층
이 발달한다.

202

누릿한 냄새가 나서 붙인 이름이며, 구릿대나무라고도 한다

# 누리장나무 *Clerodendrum trichotomum*
〔마편초과 누리장나무속〕

낙엽교목
상록교목
낙엽소교목
상록소교목
낙엽관목
상록관목
낙엽덩굴
상록덩굴

• 낙엽관목 • 수고 2~5m • 분포 강원도 및 황해도 이남의 숲 가장자리
• 유래 잎과 줄기에서 역한 누린내가 나기 때문에 붙인 이름

## 잎

마주나기.
넓은 달걀형이며,
물결 모양의 톱니가 있다.
잎을 비비면 누릿한
냄새가 난다.

## 꽃

양성화.
새가지의 끝 또는
잎겨드랑이에서
흰색 꽃이
모여 핀다.
특이한
향기가 난다.
7~8월

## 겨울눈

맨눈이며,
자갈색의 털이 많다.
끝눈은 물방울형이고
곁눈은 달걀형이다.

## 열매

핵과. 구형 또는 달걀형이며, 광택
이 나는 짙은 남색으로 익는다.
10~11월

## 수피

회갈색을 띠며, 성장함
에 따라 껍질눈은 세
로줄처럼 된다.

어린 순과 열매는 식용하며, 나무는 땔감으로 쓴다
# 덜꿩나무
*Viburnum erosum*
[산분꽃나무과 산분꽃나무속]

• **낙엽관목** • **수고** 2~3m • **분포** 경기도 이남의 낮은 산지
• **유래** 산이나 들판에 사는 들꿩이 이 나무의 열매를 좋아하기 때문에 붙인 이름

## | 잎

45%

마주나기.
달걀형이며, 가장자리에
치아상의 톱니가 있다.
앞면은 주름이 깊고,
뒷면은 잎맥이
뚜렷하다.

## | 꽃

양성화.
가지 끝에
겹산형꽃차례의
흰색 꽃이
모여 핀다.
밤꽃향과
비슷한 향기가 난다.
4~5월

## | 겨울눈

별 모양의
털로 덮인 2~4장의
눈비늘조각에 싸여 있다.
겨울눈 중간에
눈비늘조각
이음매가 있다.

## | 열매

핵과. 넓은 달걀형이며 붉은색으로
익는다. 시큼한 맛이 난다.
9~10월

## | 수피

회색~회갈색이며 불
규칙하게 갈라진다. 껍
질눈이 흩어져 있다.

뿌리와 열매는 약용하고, 어린 순은 나물로 먹는다

# 두릅나무 *Aralia elata* [두릅나무과 두릅나무속]

• 낙엽관목  • 수고 2~5m  • 분포 전국의 산야 및 하천가
• 유래 한자 이름 목두채(木頭菜)의 둘훕에서 유래되어, 이것이 두릅으로 변한 것

## 잎

어긋나며, 2회깃꼴겹잎이다.
잎축과 작은잎에 가시가
생긴다.

30%

## 꽃

수술기

암술기

수꽃양성화한그루. 꽃차례의 위쪽에 양성화가 달리고 아래쪽
에는 수꽃이 달린다. 양성화(수술기 → 암술기)가 개화 말기에
접어들 무렵 수꽃이 핀다. 7~9월

▲ 새순

## 열매

장과. 구형이며 흑색으로
익는다. 종자는 긴 타원형
이다. 9~10월

## 수피

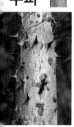

회갈색이고 날카로운
가시가 많으며, 껍질
눈이 발달한다.

## 겨울눈

끝눈은 원추형이고,
끝이 조금 뾰족하
다. 3~4장의 눈비
늘조각에 싸여있다.

낙엽교목

상록교목

낙엽소교목

상록소교목

**낙엽관목**

상록관목

낙엽덩굴

상록덩굴

205

뼈에 효능이 있다고 하여, 중국 이름은 접골목(接骨木)

# 딱총나무

*Sambucus williamsii*
[연복초과 딱총나무속]

•낙엽관목 •수고 3~6m •분포 전국의 산지 •유래 줄기를 꺾으면 '딱' 하고 총소리가 나므로, 혹은 잎을 비비면 화약 냄새가 나기 때문에 붙인 이름

## | 잎

마주나기.
작은잎이 2~3쌍인
홀수깃꼴겹잎이다.
작은잎은
긴 타원형이며,
끝이 길게
뾰족하다.

30%

## | 꽃

양성화.
새가지 끝에
황백색 또는
황록색 꽃이
원추꽃차례로
빽빽이 모여 핀다.
4~5월

## | 겨울눈

하나의 겨울눈 속에
꽃눈과 잎눈이 함께
들어있다(섞임눈).
눈비늘조각은 6~8장.

## | 열매

핵과. 구형이며, 붉은
색으로 익는다. 쓴맛이
난다. 6~7월

## | 수피

연한 갈색이며, 성장함
에 따라 세로로 거칠
게 갈라지고 코르크층
이 발달한다.

열매 껍질에 파리똥 같은 점이 있어서, 파리똥나무라고도 한다

# 뜰보리수

*Elaeagnus multiflora*
[보리수나무과 보리수나무속]

낙엽교목
상록교목
낙엽소교목
상록소교목
**낙엽관목**
상록관목
낙엽덩굴
상록덩굴

• 낙엽관목 • 수고 3m • 분포 전국의 공원 및 정원에 식재
• 유래 보리수나무속에 속하고, 뜰에 정원수로 심기 때문에 붙인 이름

## 잎

어긋나기.
타원형이며,
가장자리에 톱니가 없다.
잎뒷면이 은백색 털로
덮여 있어 반짝거리는
느낌이다.

100%

## 꽃

양성화.
새가지의
잎겨드랑이에서
깔때기 모양의
연한 황백색
꽃이 핀다.
4~5월

## 겨울눈

달걀형이며,
눈비늘이 없는 맨눈이다.
적갈색의 물고기
비늘 모양의 털로 덮여있다.

## 열매

핵과. 달걀꼴 타원형이며, 붉은색
으로 익는다. 단맛이 많이 난다.
5~7월

## 수피

흑갈색~흑회색이고,
오래되면 세로로 불규
칙하게 갈라진다.

프랑스어로는 리라(Lila), 페르시아어로는 리락(Lilak), 아랍어로는 라이락(Laylak)

# 라일락

*Syringa vulgaris*
[물푸레나무과 수수꽃다리속]

• 낙엽관목 • 수고 2~4m • 분포 전국의 공원 및 정원에 조경수로 식재
• 유래 영어 이름 라일락(lilac)을 그대로 번역하여 사용한 것

## | 잎

마주나기.
삼각형 또는 하트 모양이고
가장자리는 밋밋하다.

60%

## | 꽃

양성화.
전년지 끝 또는
바로 밑의 곁눈에서
연한 홍자색 또는
흰색의 꽃이
모여 핀다.
4~5월

## | 겨울눈

달걀형이고 6~8장의
눈비늘조각에 싸여있다.
가지 끝에 2개의
가짜끝눈이 붙는다.

## | 열매

삭과. 달걀형이고 끝이 뾰족
하며, 갈색으로 익는다.
9~10월

## | 수피

회갈색이며, 성장함에
따라 가늘고 긴 리본
모양으로 벗겨진다.

작고 예쁜 꽃을 피우며, 꽃말은 '애교'

# 말발도리

*Deutzia parviflora*
[수국과 말발도리속]

낙엽교목
상록교목
낙엽소교목
상록소교목
낙엽관목
상록관목
낙엽덩굴
상록덩굴

• 낙엽관목 • 수고 1~2m • 분포 제주도를 제외한 전국의 낮은 산지
• 유래 열매의 위쪽 모양이 편자를 붙인 말발굽과 비슷해서 붙인 이름

## 잎

90%

마주나기.
달걀형이며 가장자리에
불규칙한 잔톱니가 있다.

▲ 줄기 속

## 꽃

양성화.
가지 끝에서
작은 꽃이
산방꽃차례로
모여 달린다.
5~6월

## 겨울눈  | 열매

달걀형이며,
끝이 뾰족하다.
가지끝에는 대부분 2개의
가짜끝눈이 달린다.

삭과.
반구형이며,
끝은 5갈래로
갈라진다.
9~10월

## 수피

회갈색 또는 회백색이
고, 세로로 얇게 갈라
진다. 골속은 비어있다.

울릉도 특산나무로 '울릉말오줌대'라고도 부른다

# 말오줌나무 *Sambucus racemosa* subsp. *pendula*
[연복초과 딱총나무속]

• 낙엽관목 • 수고 4~5m • 분포 울릉도 특산나무
• 유래 가지, 잎, 꽃에서 말 오줌내가 나기 때문에 붙인 이름

## | 잎

마주나기.
작은잎이 2~5쌍인 홀수깃꼴겹잎이다.
잎을 비비면 이상한
냄새가 난다.

30%

## | 꽃

양성화.
가지 끝에
황백색 또는
녹백색의 꽃이
모여 핀다.
4~5월

## | 겨울눈

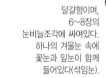

달걀형이며,
6~8장의
눈비늘조각에 싸여있다.
하나의 겨울눈 속에
꽃눈과 잎눈이 함께
들어있다(섞임눈).

▲ 섞임눈의 내부

## | 열매

핵과. 달걀꼴 구형이며,
붉은색으로 익는다. 쓴
맛이 난다. 7~8월

## | 수피

오래되면 코르크질이
발달한다.

열매 모양이 우주인이나 미키마우스를 연상시킨다

# 말오줌때

*Euscaphis japonica*
[고추나무과 말오줌때속]

낙엽교목
상록교목
낙엽소교목
상록소교목
낙엽관목
상록관목
낙엽덩굴
상록덩굴

• 낙엽관목 • 수고 3~8m • 분포 제주도 및 서·남해안 도서 지역
• 유래 열매가 말의 오줌보를 닮기도 하고, 나무를 꺾으면 말오줌 냄새가 나기 때문에 붙인 이름이며, '때'는 강조의 뜻으로 쓰인 것

## | 잎

마주나기.
작은잎이 2~5쌍인 홀수깃꼴겹잎이다.
작은잎은 좁은 달걀형이며,
끝이 길게 뾰족하다.

20%

## | 꽃

양성화.
새가지 끝에
황록색 또는
황백색의 꽃이
모여 핀다.
5~6월

## | 겨울눈

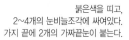

붉은색을 띠고,
2~4개의 눈비늘조각에 싸여있다.
가지 끝에 2개의 가짜끝눈이 붙는다.

## | 열매

골돌과. 적색으로 익으면, 가장
자리가 갈라지면서 광택이 나는
까만 종자가 드러난다. 8~10월

## | 수피

짙은 회갈색이며, 성장
함에 따라 세로로 불
규칙하게 갈라진다.

211

황금색 실로 수놓아 만든 매화라는 뜻에서, 금사매(金絲梅)라고도 부른다

# 망종화

*Hypericum patulum*
[물레나물과 물레나물속]

• 낙엽관목 • 수고 1m • 분포 전국의 공원 및 정원에 조경수로 식재
• 유래 망종(양력 6월 6일 무렵)에 꽃이 피기 때문에 붙인 이름

## | 잎

마주나기.
긴 달걀형이며,
가장자리는 밋밋하다.
잎뒷면은 흰빛이 돌고
기름샘이 있다.

50%

## | 꽃

양성화.
금빛 수술이
실처럼
가늘고 길어서
금사매라고도
부른다.
6~7월

## | 겨울눈

긴 타원형이고 작으며,
눈비늘조각에 싸여있다.

## | 열매

삭과. 갈색의 달걀형이며, 익으면 위쪽
이 벌어진다. 9~10월

## | 수피

약간 붉거나 갈색을
띤다.

노란 껍질을 염색하는데 사용하였기 때문에 황염목(黃染木)이라고도 부른다

# 매자나무

*Berberis koreana*
[매자나무과 매자나무속]

- 낙엽관목 • 수고 2m • 분포 경기도, 강원도, 충북 일부 지역의 숲과 하천 가장자리
- 유래 '매'는 맷과의 새를 이르는 말로 이 나무의 날카로운 가시를 뜻하며, 여기에
가시를 뜻하는 한자인 자(刺)를 붙인 것

## | 잎

어긋나며,
잎은 마디 위에 모여나고,
마디에 가시가 있다.

40%

## | 꽃

양성화.
짧은가지 위의
잎겨드랑이에
노란색 꽃이
모여 아래로
늘어져 달린다.
5월

## | 겨울눈

타원형의 겨울눈은
가시의 겨드랑이에 붙는다.
7~8장의 적갈색
눈비늘조각에 싸여있다.

## | 열매

장과.
타원형 또는
긴 타원형이며,
붉은색으로 익는다.
9~10월

## | 수피

회색 또는 회갈색이며,
오래되면 불규칙하게
갈라진다.

213

부귀영화를 상징하는 꽃이며, 꽃 중의 왕(花中王)이라고도 한다

# 모란

*Paeonia suffruticosa* [작약과 작약속]

• 낙엽관목 • 수고 2~3m • 분포 함경북도를 제외한 전국에 식재
• 유래 한자 이름 목단(牧丹)이 변해서 된 이름

## | 잎

어긋나기.
세겹잎이 두 번 붙는
2회세겹잎이다.
작은 잎은 긴 달걀형이며,
3~5갈래로 갈라진다.

20%

## | 꽃

양성화.
가지 끝에 1개의
큰 꽃이 핀다.
꽃색은
백색, 분홍색,
적색, 적자색 등
다양하다.
4~5월

## | 겨울눈

달걀형이며,
끝이 뾰족하다.
6~8장의
눈비늘조각에
싸여있다.

## | 열매

골돌과. 긴 타원형이며, 갈색으
로 익는다. 황갈색의 털이 많다.
8~9월

## | 수피

회갈색이며, 껍질눈
이 많고 오래되면 벗
겨진다.

214

우리 겨레의 민족성을 상징하는 꽃

# 무궁화

*Hibiscus syriacus* 〔아욱과 무궁화속〕

낙엽교목
상록교목
낙엽소교목
상록소교목
낙엽관목
상록관목
낙엽덩굴
상록덩굴

• 낙엽관목 • 수고 2~4m • 분포 전국적으로 널리 식재(원예품종) • 유래 꽃이 여름부터 가을까지 오랫동안(無窮) 피기 때문에, 혹은 한자 이름 목근(木槿)이 변한 것

## | 잎

어긋나기.
마름모 모양의 달걀형이며,
보통 3갈래로 갈라진
갈래잎이다.

50%

## | 꽃

백단심

적단심

양성화. 꽃은 새가지의 잎겨드랑이에 1개씩 피며, 꽃색이 다양하다. 7~9월

## | 열매

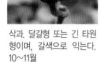

삭과. 달걀형 또는 긴 타원
형이며, 갈색으로 익는다.
10~11월

## | 겨울눈

눈비늘이 없는
맨눈이며,
혹 모양으로
부풀어 있다.
별 모양의
털이 많다.

## | 수피

회백색이고 평활하며,
껍질눈이 있다.
성장함에 따라 세로
로 얕은 줄이 생긴다.

215

꽃이 꽃턱 안에 숨어 있어서 은화과(隱花果)라고도 한다

# 무화과나무

*Ficus carica*
[뽕나무과 무화과나무속]

• 낙엽관목 • 수고 2~5m • 분포 전남, 경남 이남에서 재배 • 유래 꽃이 주머니 모양의 꽃차례 속에 들어 있어서 보이지 않기 때문에 '꽃이 피지 않는 나무' 라는 뜻으로 붙인 이름

## | 잎

어긋나기.
3~5갈래로 갈라진 포크 모양의 갈래잎이다.
가장자리에 물결 모양의 큰 톱니가 있다.

20%

## | 꽃

암수딴그루이며,
대게 수분없이
과낭이 성숙하는
암그루를
심는다.
화낭(花囊) 속에
여러 개의
작은 꽃이
들어 있다.
6~7월

암꽃주머니 내부의 꽃

## | 열매

화낭이 자라서
흑자색 또는
황록색의
열매가 된다.
거꿀달걀형이고
단맛이 난다.
8~10월

## | 수피

회백색에서 회갈색으
로 변하고 평활하며,
작은 껍질눈이 있다.

## | 겨울눈

끝눈은 크고 물방울형
이며, 끝이 뾰족하다.
2장의 눈비늘조각에 싸
여있다.

낙엽교목
상록교목
낙엽소교목
상록소교목
낙엽관목
상록관목
낙엽덩굴
상록덩굴

1속(미선나무속) 1종의 귀중한 우리나라 특산나무

# 미선나무 *Abeliophyllum distichum*
〔물푸레나무과 미선나무속〕

• 낙엽관목 • 수고 1~2m • 분포 한국 특산나무, 전북(변산), 충북(괴산, 영동), 북한산의 숲 가장자리 • 유래 열매가 '둥그스름한 부채(尾扇)'처럼 생겨서 붙인 이름

## 잎

60%

마주나기.
홑잎이지만,
잎이 두 줄로 나기 때문에
깃꼴겹잎처럼 보인다. 달걀형이며,
톱니는 없다.

## 꽃

양성화. 잎이 나기 전에, 잎겨드
랑이에 흰색 또는 연홍색 꽃이
모여 핀다. 3~4월

## 열매

시과. 납작하고 부채 모양이며,
황갈색으로 익는다. 가장자리에
넓은 날개가 있다. 9~10월

## 겨울눈

적자색의 꽃눈이
포도송이처럼
뭉쳐서 붙는다.
잎눈은
달걀형이며,
끝이 뾰족하다.

## 수피

회백색 또는 회갈색이
고 평활하지만, 오래
되면 불규칙하게 갈라
진다.

노란 꽃술이 길게 삐죽이 나온 특이한 꽃 모양

# 박쥐나무

*Alangium platanifolium*
[박쥐나무과 박쥐나무속]

• 낙엽관목 • 수고 3~4m • 분포 전국의 산지
• 유래 잎 모양이 날개를 펼친 박쥐처럼 생겼기 때문에 붙인 이름

## | 잎

어긋나며, 3~5갈래로
갈라진 갈래잎이다.
잎몸이 박쥐가
날개를 편 모양이다
(이름의 유래).

30%

## | 꽃

양성화.
새가지의
잎겨드랑이에
흰색 꽃이 아래를
향해 달린다.
노란색의 꽃밥은
암술대와 길이가
비슷하다.
5~6월

## | 열매

핵과. 구형 또는
타원형이고
남색으로 익는다.
8~9월

## | 겨울눈

달걀형이고
긴 털이 있는
2장의 눈비늘조각에
싸여 있다.
잎자국은 겨울눈을
둘러싼다.

## | 수피

회색이고 평활하며, 껍
질눈이 흩어져있다.

동글동글한 꽃 모양을 보고, 북한 이름은 꽃구슬나무

# 박태기나무

*Cercis chinensis*
[콩과 박태기나무속]

낙엽교목
상록교목
낙엽소교목
상록소교목
**낙엽관목**
상록관목
낙엽덩굴
상록덩굴

• 낙엽관목 • 수고 3~5m • 분포 전국에 조경수로 식재
• 유래 꽃 모양이 밥알을 튀긴 것과 닮아서 밥티기라 하다가, 박태기가 된 것

## 잎

어긋나기.
전형적인 하트 모양이며,
톱니는 없다.
잎자루는 붉은 빛을 띠며,
양끝이 부풀어 있다.

70%

## 꽃

양성화.
잎이 나기 전에
가지마다
7~10개의
홍자색 꽃이
무더기로
모여 핀다.
4월

## 겨울눈

꽃눈은 타원형이며,
포도송이처럼 모여 붙는다.
잎눈은 편평한 달걀형이다.

## 열매

협과. 콩꼬투리 모양의 열매는
갈색으로 익는다. 그 속에 5~8
개의 종자가 들어있다. 9~10월

## 수피

황갈색이고 작은 껍질
눈이 있으며, 평활하
다. 성장함에 따라 회
갈색으로 변한다.

꽃차례의 중앙에는 양성화가 피고, 가장자리에는 무성화가 핀다

# 백당나무 *Viburnum opulus* var. *calvescens*
[연복초과 산분꽃나무속]

• 낙엽관목 • 수고 3~5m • 분포 전국의 산지
• 유래 하얀(白) 꽃이 단(壇)을 이루는 나무라는 뜻의 '백단나무'라 하다가 백당나무가 된 것

## 잎

40%

마주나기.
보통은 3갈래로 갈라지지만
갈라지지 않은 것 등
변화가 다양하다.
잎자루에 꿀샘이 있다.

## 꽃

양성화.
꽃차례의 중앙에
양성화가 피고,
가장자리에
무성화(장식화)가
달린다.
5~6월

양성화(가운데)와 무성화(가장자리)

## 겨울눈

## 열매

긴 달걀형이며,
1장의 눈비늘조각에 싸여있다.
가지 끝에 2개의
가짜끝눈이 붙는다.

핵과. 구형이며, 붉은색으로 익
는다. 쓴맛이 난다. 8~9월

## 수피

짙은 갈색이고 사마귀
같은 껍질눈이 있다.
성장하면서 불규칙하
게 갈라지며, 코르크층
이 발달한다.

낙엽교목
상록교목
낙엽소교목
상록소교목
**낙엽관목**
상록관목
낙엽덩굴
상록덩굴

꽃색은 황록색에서 차츰 붉은색으로 변해간다

# 병꽃나무

*Weigela subsessilis*
[병꽃나무과 병꽃나무속]

• 낙엽관목 • 수고 2~3m • 분포 전국의 산지
• 유래 꽃봉오리가 호리병 모양을 닮아서 붙여진 이름

## 잎

마주나기.
달걀형이며, 가장자리에
잔톱니가 있다.
종소명 수브세시리스(*subsessilis*)는
'잎자루가 거의 없는'을 뜻한다.

20%

## 꽃

양성화.
잎겨드랑이에
1~2개의 꽃이 핀다.
꽃색은 황록색에서
차츰 붉은색으로
변한다.
5~6월

## 겨울눈

달걀형이고
끝이 뾰족하며,
14~16장의
눈비늘조각에
싸여있다.
곁눈에
가로덧눈이
붙기도 한다.

## 열매

삭과.
원기둥꼴이며,
잔털이 밀생한다.
익으면 2갈래로
갈라진다.
10~11월

## 수피

회백색 또는 회갈색
이고 껍질눈이 발달
한다.

221

장미과 나무이면서, 꽃잎이 5장이 아니라 4장이다

# 병아리꽃나무 *Rhodotypos scandens*
[장미과 병아리꽃나무속]

• 낙엽관목 • 수고 1~2m • 분포 중부 지역 이남의 낮은 산지 또는 해안가
• 유래 하얀 꽃이 흰 병아리를 연상시킨다 하여 붙인 이름

## | 잎

마주나기.
달걀형이며,
가장자리에
날카로운
겹톱니가 있다.
잎맥이 패이고 깊은 주름이 있으며,
직선으로 나 있다.

40%

## | 꽃

양성화.
새가지 끝에
흰색 꽃이
1개씩 핀다.
4~5월

## | 겨울눈

달걀형이며, 6~12장의
눈비늘조각에 싸여있다.
곁눈에는 가로덧눈이 붙는다.

## | 열매

수과.
타원형이고,
광택이 나는 4개의
검은색 열매가
모여 달린다.
9~10월

## | 수피

유목은 연한 회색이고
갈색의 껍질눈이 산재
한다. 성장함에 따라
진한 회갈색이 되고
껍질눈도 많아진다.

낙엽교목
상록교목
낙엽소교목
상록소교목
낙엽관목
상록관목
낙엽덩굴
상록덩굴

뿌리떡, 보리뚝, 볼똥, 뽈똥, 포리똥, 파리똥, 뿔뚝, 볼래 등의 다양한 이름

# 보리수나무 *Elaeagnus umbellata*
[보리수나무과 보리수나무속]

• 낙엽관목  • 수고 3~4m  • 분포 중부 이남의 숲 가장자리 및 계곡 주변
• 유래 열매의 모양이 보리밥나무와 거의 같아서 '보리'라는 이름을 얻었으나, 이와 구별하기 위해 뒤에 수(樹) 자를 붙인 것

## 잎

100%

어긋나기.
긴 타원형이며, 가장자리는 밋밋하다.
잎 뒷면은 광택이 나는 은백색 털로
덮여 있다.

## 꽃

양성화.
새가지의
잎겨드랑이에
은백색 꽃이
1~6개씩
모여 핀다.
5~6월

## 겨울눈

달걀형 또는
원추형이며,
눈비늘이
없는 맨눈.
갈색과 은색의
잔털이 촘촘하게
나 있다.

## 열매

핵과. 거의 둥근형이며, 붉은색
으로 익는다. 약간 떫으면서
시고 단맛이 난다. 9~10월

## 수피

회흑색이며 가로로 긴
갈색의 껍질눈이 산재
한다. 성장함에 따라
세로로 갈라진다.

꽃모양이 무궁화나 접시꽃의 꽃과 비슷하다

# 부용

*Hibiscus mutabilis* [아욱과 무궁화속]

• 낙엽관목 • 수고 1~3m • 분포 중국이 원산지이며, 산과 들에서 자람
• 유래 꽃이 연꽃을 닮아서 연꽃의 다른 이름인 부용(芙蓉)을 빌려서 쓴 것

## | 잎

40%

어긋나기.
오각형 또는
둥근 모양이며,
3~5갈래로 얕게 갈라지는
갈래잎이다.

## | 꽃

양성화.
새가지의
잎겨드랑이에
연한 홍색의
꽃이 핀다.
8~10월

## | 열매

삭과. 달걀형 또는 구형이며, 갈색으로
익는다. 10~11월

## | 겨울눈

눈비늘이 없는 맨눈이
며, 별모양의 털로 덮여
있다.

## | 수피

껍질눈이 많지만, 평활
하다.

낙엽교목
상록교목
낙엽소교목
상록소교목
낙엽관목
상록관목
낙엽덩굴
상록덩굴

꽃에서 여인네들이 바르는 분 내음 같은 향기가 난다

# 분꽃나무

*Viburnum carlesii*

[산분꽃나무과 산분꽃나무속]

• 낙엽관목 • 수고 2~3m • 분포 전국의 햇빛이 잘 드는 낮은 산지 또는 해안가 • 유래 꽃 모양이 '분꽃'과 비슷해서, 혹은 꽃에서 분 냄새와 같은 향기가 나기 때문에 붙인 이름

## | 잎

70%

마주나기.
넓은 달걀형이며,
가장자리에 치아 모양의 톱니가
성기게 나있다.

## | 꽃

양성화. 가지 끝에 흰색 또는
연한 홍색 꽃이 모여 피며, 향
기가 강하다. 4~5월

## | 겨울눈

눈비늘이 없는 맨눈.
꽃눈은 여러 개가
모여 구형을 이루며,
잎눈은 긴 타원형이다.

## | 열매

핵과. 타원형이며, 붉은색에서
검은색으로 익는다. 9~10월

## | 수피

회갈색이며, 둥근 껍
질눈이 산재해있다.
오래되면 얇은 조각
으로 갈라진다.

백당나무에서 생식기능을 제거하고 육성한 원예종

# 불두화

*Viburnum opulus* f. *hydrangeoides*
[산분꽃나무과 산분꽃나무속]

• 낙엽관목 • 수고 2~3m • 분포 전국적으로 조경수, 정원수로 식재
• 유래 꽃 모양이 부처님 머리처럼 곱슬곱슬하기 때문에 붙인 이름

## | 잎

마주나기.
보통은 3갈래로 갈라지지만
갈라지지 않은 것 등
변화가 다양하다.

60%

## | 꽃

무성화
(장식화)만 핀다.
꽃색은
황록색이 돌다가
점차 흰색으로
변한다.
5~6월

## | 겨울눈

긴 달걀형이며,
1장의 눈비늘조각에 싸여있다.
가지 끝에 2개의 가짜끝눈이 붙는다.

## | 수피

짙은 갈색이고 사마귀
같은 껍질눈이 있다.
성장하면서 가늘게 갈
라지고 코르크층이 발
달한다.

우리 말발도리와 비슷하게 생긴 일본 원산의 꽃나무

# 빈도리

*Deutzia crenata*
[수국과 말발도리속]

낙엽교목
상록교목
낙엽소교목
상록소교목
낙엽관목
상록관목
낙엽덩굴
상록덩굴

• 낙엽관목 • 수고 1~3m • 분포 전국에 조경수로 식재
• 유래 말발도리와 비슷하지만, 가지 속이 아예 비어있는 경우가 많아 붙인 이름

## 잎

50%

마주나기.
달걀형이며, 가장자리에
미세한 잔톱니가 있다.
앞면에는 별모양의 털이 있어
까칠까칠하다.

## 겨울눈

## 열매

## 꽃

양성화.
가지 끝의
원추꽃차례에서
흰색 꽃이
모여 핀다.
5~7월

삭과. 구형이며, 별모양의 털로
덮여있다. 9~10월

달걀형이며,
8~10장의
눈비늘조각에
싸여있다.
가지 끝에
2개의
가짜끝눈이
붙는다.

## 수피

선명한 갈색이고 세
로로 얕게 갈라진다.
오래되면 작은 조각
으로 불규칙하게 벗
겨진다.

꽃이 아름다워 명자나무, 기생꽃나무, 처녀꽃, 아가씨나무 등의 이름으로도 불린다

# 산당화(명자나무) *Chaenomeles speciosa*
〔장미과 명자나무속〕

• 낙엽관목 • 수고 1~2m • 분포 전국에 조경수로 널리 식재
• 유래 산에서 자라는 당화(棠花, 아가위나무)라는 뜻에서 붙인 이름

## | 잎

30%

어긋나기.
긴 타원형이며,
가장자리에 잔톱니가 있다.
1쌍의 커다란 턱잎이
잎자루를 감싼다.

## | 꽃

수꽃양성화한그루.
짧은가지의
잎겨드랑이에서
주홍색 꽃이
3~5개씩 모여 핀다.
4~5월

## | 겨울눈

꽃눈은 구형이며,
세로덧눈이 붙는다.
잎눈은 원추형이다.

## | 열매

이과. 구형이며, 황록색으로 익는다. 신
맛이 강해서 먹기는 어렵다. 9~10월

## | 수피

암갈색이나 어두운 자
주색을 띠며, 평활하
다. 가시가 나있다.

우리나라 산과 들에서 흔하게 자라며, 열매는 식용 또는 약용한다

# 산딸기

*Rubus crataegifolius*
〔장미과 산딸기속〕

낙엽교목
상록교목
낙엽소교목
상록소교목
**낙엽관목**
상록관목
낙엽덩굴
상록덩굴

• 낙엽관목 • 수고 1~2m • 분포 전국의 산야에서 흔하게 자람
• 유래 산지에서 자라며, 딸기가 열리는 나무라는 뜻에서 붙인 이름

## | 잎

30%

어긋나기.
넓은 달걀형이며,
손바닥 모양으로
3~5갈래로 갈라진다.
잎자루와 뒷면 잎맥에
가시가 많다.

## | 꽃

양성화.
새가지 끝에
흰색 꽃이
2~6개씩
모여 달린다.
5~6월

## | 겨울눈

물방울형~달걀형이며,
3~5장의 짙은
적자색 눈비늘조각에 싸여있다.

## | 열매

취과. 구형이며, 노랑에서 검은 빨
강으로 익는다. 6~8월

## | 수피

적갈색이고 털이 없
으며, 크고 평평한 가
시가 많이 나 있다.

229

수국의 원종이며, 유성화와 무성화가 함께 핀다

# 산수국

*Hydrangea serrata* 〔수국과 수국속〕

- 낙엽관목 • 수고 1m • 분포 강원도, 경기도 이남의 낮은 산지 계곡부
- 유래 산에서 자라는 수국이라는 뜻으로 붙인 이름

## | 잎

마주나기.
긴 타원형 또는 달걀 모양의 타원형이며,
잎끝이 길게 뾰족하다.

30%

## | 꽃

양성화와 장식화가
산방꽃차례로 모여 핀다.
가장자리의 큰 꽃은 장식화.
7~8월

양성화(가운데)와 무성화(가장자리)

## | 겨울눈

끝눈은
눈비늘이
곧 떨어져 나가서
맨눈이 된다.
곁눈은
2개의 눈비늘조각에
싸여있다.

## | 열매

삭과. 달걀형 또는 타원형이며,
갈색으로 익는다. 9~10월

## | 수피

회갈색이며, 오래되면
얇게 갈라지고 조각으
로 떨어진다.

열매는 기름을 만드는 원료로 사용되며, 식용 또는 약용한다

# 산초나무 *Zanthoxylum schinifolium*
[운향과 초피나무속]

낙엽교목
상록교목
낙엽소교목
상록소교목
**낙엽관목**
상록관목
낙엽덩굴
상록덩굴

• 낙엽관목 •수고 1~3m •분포 황해도 이남의 낮은 산지 숲가장자리
• 유래 산(山)에서 자라고, 열매껍질에서 강한 향기가 나는 나무(椒)라는 뜻으로 붙인 이름

## | 잎

어긋나기.
긴 타원형 또는 달걀형의
작은잎이 6~12쌍인
홀수깃꼴겹잎이다.

30%

## | 꽃

암꽃 / 수꽃

암수딴그루. 새가지 끝부분에 황록색 꽃이 산방꽃차례로 모여
핀다. 7~8월

## | 열매

삭과. 2~3개의 분과로 갈라지며,
적갈색 또는 적색으로 익는다.
10~11월

## | 겨울눈

작은 반구형이며, 끝이 뾰족
하다. 2~3장의 눈비늘조각
에 싸여있다.

## | 수피

회갈색 또는 갈색이
며, 세로로 얕게 갈라
진다. 줄기에 가시가
엇갈려 난다.

노란 꽃이 아름답고 향기도 좋아 조경수로 많이 심는다

# 삼지닥나무
*Edgeworthia chrysantha*
〔팥꽃나무과 삼지닥나무속〕

• 낙엽관목 • 수고 1~2m • 분포 전남, 경남 및 제주도 지역의 정원과 공원에 조경수로 식재
• 유래 가지가 3갈래씩 갈라지고, 껍질은 닥종이를 만드는데 쓰였기 때문에 붙인 이름

## | 잎

어긋나기.
늘씬한 피침형이며,
가장자리는 밋밋하다.

100%

## | 꽃

양성화.
잎이 나오기 전에,
가지 끝에 30~50개의
노란색 꽃이 모여 핀다.
3~4월

## | 겨울눈

맨눈이며,
은백색의 비단털로 덮여있다.
꽃눈은 여러 개가
모여서 벌집 모양을 이룬다.

## | 열매

핵과. 타원형이며, 녹갈색으로 익
는다. 표면에 잔털이 있다. 6~7월

## | 수피

황갈색 또는 적갈색이
고 평활하다. 가지가
대개 3갈래로 갈라진
다(이름의 유래).

낙엽교목
상록교목
낙엽소교목
상록소교목
**낙엽관목**
상록관목
낙엽덩굴
상록덩굴

꽃은 산수유꽃과 비슷하며, 가지를 꺾으면 생강냄새가 난다

# 생강나무

*Lindera obtusiloba*
[녹나무과 생강나무속]

• 낙엽관목 • 수고 2~5m • 분포 전국의 산지
• 유래 나뭇잎을 비비거나 가지를 꺾으면 생강 냄새가 난다고 하여 붙인 이름

## | 잎

어긋나기.
잎끝이 3갈래로 갈라진 갈래잎이다.
잎밑 부분에서 3개의
큰 잎맥이 뻗어 있다.

30%

## | 꽃

암꽃 / 수꽃

암수딴그루. 잎이 나오기 전에 가지마다 노란색 꽃이
모여 핀다. 2~4월

## | 열매

장과. 구형이며, 적갈색에서
흑자색으로 익는다. 9~10월

## | 겨울눈

**잎눈(상)과 꽃눈(하)** ▶
잎눈은 물방울형이고,
붉은색을 띤다.
꽃눈은 구형이며, 2~3 장의
눈비늘조각에 싸여 있다.

## | 수피

연한 갈색이고 평활하
며, 껍질눈이 있다. 성
장함에 따라 가늘게
갈라지는 것도 있다.

수국 꽃은 살아있는 리트머스 시험지

# 수국

*Hydrangea macrophylla*
〔수국과 수국속〕

• 낙엽관목 • 수고 1m • 분포 전국의 공원 및 정원에 식재
• 유래 물을 좋아하고, 대국(大菊)처럼 풍성하고 아름다운 꽃을 피우기 때문에 붙인 이름

## | 잎

마주나기.
넓은 달걀형이며,
깻잎과 비슷하다.
종소명 마크로필라
(*macrophylla*)는
'큰 잎의' 이라는
의미이다.

30%

## | 겨울눈

끝눈은
2장의
눈껍질이
떨어져서
맨눈이 되며,
잎맥이
드러나
보인다.

## | 꽃

무성화. 산방꽃차례로 달리고, 꽃
받침조각이 꽃잎처럼 생겼다.
6~7월

## | 수피

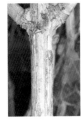

연한 회갈색이며, 오
래되면 종잇장처럼
세로로 벗겨진다.

낙엽교목
상록교목
낙엽소교목
상록소교목
낙엽관목
상록관목
낙엽덩굴
상록덩굴

꽃에 꿀이 많아 벌과 나비의 좋은 밀원식물이다

# 쉬땅나무

*Sorbaria sorbifolia*
[장미과 쉬땅나무속]

낙엽관목 • 수고 2m • 분포 경북 이북의 숲가장자리 및 계곡가 • 유래 쉬땅은 수수깡의 평안도 사투리인데, 열매가 달린 모양이 수수이삭 같이 생겨서 붙인 이름

## 잎

어긋나기.
작은잎이 6~11쌍
달리는 홀수깃꼴겹잎이다.
작은잎은 피침형이며,
맥이 뚜렷하다.

40%

## 꽃

양성화.
가지 끝에
자잘한 흰색 꽃이
모여 피며,
좋은 향기가 난다.
6~7월

## 열매

골돌과.
원통형이며,
표면에 털이
밀생한다. 9~10월

## 겨울눈

달걀형이며,
가로덧눈이
붙기도 한다.
5~8장의
눈비늘조각에
싸여있다.

## 수피

적갈색 또는 흑갈색
이며, 오래되면 껍질
이 벗겨진다.

235

조상들은 싸리로 생활에 필요한 용품들을 많이 만들었다

# 싸리

*Lespedeza bicolor* 〔콩과 싸리속〕

• 낙엽관목 • 수고 1~3m • 분포 전국의 산야
• 유래 사립(사립문)을 만들 때 주로 썼기 때문에 붙인 이름

## | 잎

어긋나기.
3장의 작은잎이 모여 달리는 세겹잎(삼출엽)이다.
가운데 작은잎의 잎자루가 가장 길다.

70%

## | 꽃

양성화.
잎겨드랑이 또는
가지 끝에
홍자색 꽃이
모여 핀다.
7~8월

## | 겨울눈

달걀형 또는
타원형이며,
흔히 가로덧눈이 붙는다.

## | 열매

협과. 납작한 타원형 또는 거꿀달
걀형이다. 열매 안에 1개의 종자
가 들어있다. 9~10월

## | 수피

회색 또는 적갈색이며,
껍질눈이 발달한다.

낙엽교목
상록교목
낙엽소교목
상록소교목
낙엽관목
상록관목
낙엽덩굴
상록덩굴

잎 앞뒷면과 가지에 털이 많아서, 중국 이름은 모앵도(毛櫻桃)

# 앵도나무

*Prunus tomentosa*
[장미과 벚나무속]

• 낙엽관목 • 수고 2~3m • 분포 전국에 널리 식재 • 유래 열매가 꾀꼬리(鶯)처럼 아름답고
먹을 수 있으며, 생김새는 작은 복숭아(桃) 같다고 하여 붙인 이름

## 잎

## 꽃

양성화.
잎이 나기 전에
가지마다 1~2개의
흰색 또는
연한 홍색의
꽃이 핀다.
3~4월

100%

거긋나기.
잎자루와 잎 양면에 털이 많으며,
특히 뒷면에 융단 같은 털이 많다.

## 겨울눈

원추형 또는 달걀형이며,
6~8장의 눈비늘조각에 싸여있다.
짧은 가지 끝에 꽃눈이 많이 달린다.

## 열매

핵과. 구형이며, 붉은색으로 익
는다. 새콤달콤한 맛이 난다.
5~6월

## 수피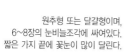

자갈색 또는 암갈색
이며, 성장함에 따라
표면이 얇은 종잇장
처럼 불규칙하게 벗
겨진다.

'봄을 맞이한다'는 뜻의 이름이며, 영어 이름은 윈터 자스민(Winter jasmine)

# 영춘화

*Jasminum nudiflorum*
[물푸레나무과 영춘화속]

• 낙엽관목 • 수고 1~3m • 분포 남부 지방에 관상수로 식재
• 유래 이른 봄에 꽃을 피우기 때문에, 봄(春)을 맞이하는(迎) 꽃(花)이라는 뜻에서 붙인 이름

## | 잎

마주나기.
3장의 작은잎이 모여 달리는 세겹잎이다.
세 잎 중에서 가운데 작은잎이 가장 크다.

100%

## | 꽃

양성화.
전년지 가지의
잎겨드랑이에
노란색 꽃이
1개씩 핀다.
3~4월

## | 겨울눈

달걀형이며,
자갈색의
눈비늘조각에 싸여있다.

## | 열매

장과.
국내에서는 열매를
잘 맺지 않는다.
11월

## | 수피

회갈색이고 껍질눈이
많으며, 오래되면 작
은 조각으로 떨어져
나간다.

잘 알려진 약용식물이며, 오가피(五加皮)나무라고도 부른다

# 오갈피나무 *Eleutherococcus sessiliflorus*

[두릅나무과 오갈피나무속]

낙엽교목
상록교목
낙엽소교목
상록소교목
낙엽관목
상록관목
낙엽덩굴
상록덩굴

• 낙엽관목 • 수고 3~4m • 분포 중부 이남의 산지 및 농가에서 약용식물로 재배
• 유래 잎 모양이 손바닥을 펼친 것처럼, 다섯 갈래로 깊게 갈라지는 것에서 유래된 이름

## 잎

어긋나기.
3~5장의 작은잎으로
이루어진 손꼴겹잎이다.
잎 가장자리 전체에 잔 겹톱니가 있다.

30%

## 꽃

양성화.
줄기 끝에
3~6개의 황록색
꽃이 모여 핀다.
8~9월

## 겨울눈

원추형이고
끝이 뾰족하며,
3~6장의 눈비늘조각에
싸여있다.

## 열매

핵과. 거꿀달걀꼴 구형이며, 검은색
으로 익는다. 9~10월

## 수피

회갈색이며, 불규칙하
게 골이 진다. 긴 타
원형의 작은 껍질눈
이 흩어져 있다.

239

자줏빛의 아름다운 열매는 관상가치가 높다

# 작살나무

*Callicarpa japonica*
[마편초과 작살나무속]

• 낙엽관목　• 수고 2~3m　• 분포 전국의 산지
• 유래 마주보고 갈라지는 가지의 모양이 고기잡이용 작살과 비슷하기 때문에 붙인 이름

## | 잎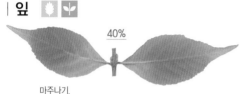

40%

마주나기.
긴 타원형이며, 가장자리에 뾰족한 톱니가 있다.
잎끝이 길게 뾰족하다.

## | 꽃

양성화. 잎겨드랑이에 연한 홍
자색 꽃이 모여 피며, 좋은 향
기가 난다. 6~7월

## | 겨울눈

눈비늘이 없는 맨눈이며,
별모양의 털로 덮여있다.
작은 세로덧눈이 붙는다.

## | 열매

핵과.
구형이며,
보라색으로 익는다.
아릿한 맛과
단맛이 함께 난다.
9~10월

## | 수피

회갈색이며, 어린 가지
는 별모양의 갈색 털
이 있다. 성장함에 따
라 세로로 벗겨진다.

낙엽교목
상록교목
낙엽소교목
상록소교목
낙엽관목
상록관목
낙엽덩굴
상록덩굴

시대와 지역을 초월하여 전 세계인의 사랑을 받는 꽃

# 장미

*Rosa hybrida* [장미과 장미속]

• 낙엽관목 • 수고 2~3m • 분포 전국적으로 조경수로 식재
• 유래 중국 이름 장미(薔薇)를 그대로 받아들여 사용한 것

## | 잎

어긋나기.
2~3쌍의 작은잎으로
이루어진 홀수깃꼴겹잎이다.
가장자리에 날카로운
톱니가 있고,
잎축에 가시가 있다.

40%

## | 꽃

양성화. 국내에서는 일반적으로 5월 중순경부터 9월경까지
꽃을 볼 수 있으며 흰색, 붉은색, 노란색, 분홍색 등 꽃색이
다양하다. 5~9월

## | 겨울눈

작고 삼각형이며,
5~7장의 눈비늘조각에 싸여있다.

## | 열매

장미과. 다육질의 항아리 모양이
며, 붉은색으로 익는다. 품종에
따라 열매 맺는 시기가 다르다.

## | 수피

주로 초록색을 띠며,
성장함에 따라 세로
로 갈라진다.

싸리 종류 중에서 조경소재로 많이 사용되는 종류

# 조록싸리

*Lespedeza maximowiczii*
〔콩과 싸리속〕

• 낙엽관목 • 수고 2~3m • 분포 전국의 야산
• 유래 잎이 호리병 모양의 조롱을 닮았다 하여 '조롱싸리'라고 하다가 조록싸리가 된 것

## | 잎

100%

어긋나기.
3장의 작은잎이 모여 달리는
세겹잎(3출엽)이며,
가운데 작은잎이 가장 크다.

## | 꽃

양성화. 잎겨드랑이 또는 가
지 끝에 홍자색 꽃이 모여 핀
다. 6~7월

## | 겨울눈          | 열매

삼각꼴의
달걀형이며,
눈비늘 가장자리에
털이 있다.

협과.
납작하고 긴 타원형이며,
표면에 털이 많다.
9~10월

## | 수피

회갈색이며, 오래되면
세로로 갈라진다.

낙엽교목
상록교목
낙엽소교목
상록소교목
낙엽관목
상록관목
낙엽덩굴
상록덩굴

꽃에 꿀이 많아 밀원식물로도 각광받는 꽃나무

# 조팝나무 *Spiraea prunifolia* var. *simpliciflora*
[장미과 조팝나무속]

• 낙엽관목 • 수고 1~2m • 분포 제주도를 제외한 전국의 야산, 강가, 산지, 길가 • 유래 꽃이 좁쌀로 지은 밥처럼 보여, '조밥나무'라 하던 것이 변해서 조팝나무가 됨

## 잎

어긋나기.
달걀형 또는 긴 타원형이며,
가장자리에 잔톱니가 있다.
잎의 질감이 얇고 부드럽다.

70%

## 꽃

양성화.
전년지에
흰색 꽃이
가득 모여 피며,
좋은 향기가 난다.
4~5월

## 겨울눈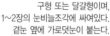

구형 또는 달걀형이며,
1~2장의 눈비늘조각에 싸여있다.
곁눈 옆에 가로덧눈이 붙는다.

## 열매

골돌과. 달걀형이며, 4~5개씩 모여 달린다. 9~10월

## 수피

유목은 갈색이고 얇
게 벗겨진다. 자라면
서 껍질눈이 생기며,
갈라지기도 한다.

잎을 자르거나 가지를 꺾으면 역겨운 냄새가 난다

# 족제비싸리

*Amorpha fruticosa*
［콩과 족제비싸리속］

• 낙엽관목 • 수고 2～3m • 분포 전국의 숲 가장자리, 길가, 하천 주변 • 유래 꽃차례나 열매가 맺혀있는 모습이 족제비 꼬리를 닮았으며, 잎은 싸리와 비슷하게 생겨서 붙인 이름

## | 잎

어긋나기.
타원형의 작은잎이
5～18쌍인 홀수깃꼴겹잎.
잎이나 가지를 꺾으면
역겨운 냄새가 난다.

30%

## | 꽃

양성화. 햇가지의 끝 또는 바로
밑에 짙은 자색의 꽃이 수상꽃
차례로 모여 달린다. 5～6월

## | 열매

협과. 약간 굽은 긴 타원형이며, 짙은
갈색으로 익는다. 9～11월

## | 수피

회갈색 또는 회색이
며, 타원형의 껍질눈
이 많다.

## | 겨울눈

달걀형이고 끝이 뾰족
하며, 가지에 바짝 붙
어서 난다.
3～5장의 눈비늘조각
에 싸여있다.

우리 이름은 쥐똥나무이지만, 북한 이름은 검정알나무

# 쥐똥나무

*Ligustrum obtusifolium*
〔물푸레나무과 쥐똥나무속〕

낙엽교목
상록교목
낙엽소교목
상록소교목
**낙엽관목**
상록관목
낙엽덩굴
상록덩굴

• 낙엽관목 • 수고 2~4m • 분포 전국의 낮은 산지
• 유래 가을에 익는 까만 열매의 크기와 색깔이 쥐똥을 닮아서 붙인 이름

## | 잎

마주나기.
깃꼴겹잎처럼 보이지만,
홑잎이다.
잎가장자리에
톱니가 없다.

40%

## | 꽃

양성화. 새가지 끝에 흰색 꽃이
많이 모여 핀다. 5~6월

## | 열매

핵과.
달걀꼴의
구형 또는 넓은
타원형이며,
검은색으로
익는다.
10~11월

## | 겨울눈

## | 수피

회색 또는 회갈색이
며, 가로로 긴 껍질눈
이 있다.

달걀형이고 끝이
뽀족하며, 눈비늘
조각은 6~8장이
다. 끝눈은 잘 발달
하지 않고, 곁눈은
마주난다.

우리나라 산야 어디에나 흔하게 피는, 우리 민족의 정서를 대표하는 꽃

# 진달래

*Rhododendron mucronulatum*
[진달래과 진달래속]

• 낙엽관목 • 수고 2~3m • 분포 전국의 산지
• 유래 달래나 산달래의 연한 꽃빛깔보다 더 진하다 하여 붙여진 이름

## | 잎

어긋나기.
긴 타원형이며, 잎끝이 뾰족하다.
잎뒷면에 흰색과 갈색의 비늘털이 많다.

70%

## | 꽃

양성화.
잎이 나오기 전에
가지 끝에
1~5개의
분홍색 꽃이
모여 핀다.
3~4월

## | 열매

삭과.
원통형이며,
익으면 위쪽이
4~5갈래로
갈라진다.
9~10월

## | 겨울눈

가지 끝에 여러
개의 꽃눈이 모여
붙는다.
곁눈은 끝눈보다
작고 아래로 갈수
록 더 작아진다.

## | 수피

회갈색이며 매끈하다.
어린 가지는 연한 갈
색이고 드물게 비늘털
이 있다.

246

장미의 원종이며, 향기가 아주 강하다

# 찔레나무

*Rosa multiflora*
[장미과 장미속]

낙엽교목
상록교목
낙엽소교목
상록소교목
낙엽관목
상록관목
낙엽덩굴
상록덩굴

• 낙엽관목 • 수고 2~4m • 분포 전국의 산야
• 유래 가지에 난 가시에 잘 찔린다 하여 붙인 이름

## | 잎

어긋나기.
3~4쌍의 작은잎을 가진
홀수깃꼴겹잎이다.
작은잎은 타원형이며,
잎축에 가시가 있다.

60%

## | 꽃

양성화.
가지 끝에 흰색 또는
연한 분홍색 꽃이
모여 피는데,
좋은 향기가 난다.
5~6월

## | 겨울눈

달걀형 또는 원통형이고 붉은색을 띠며,
4~6장의 눈비늘조각에 싸여있다.

## | 열매

장미과. 달걀꼴의 원형이며, 붉은색
으로 익는다. 9~10월

## | 수피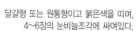

회갈색이며, 오래되면
불규칙하게 갈라져서
조각으로 떨어진다.

철쭉꽃은 먹을 수 없어서 개꽃, 진달래꽃은 먹을 수 있어서 참꽃

# 철쭉

*Rhododendron schlippenbachii*
[진달래과 진달래속]

• 낙엽관목 • 수고 2~5m • 분포 전국의 산지 • 유래 양척촉(羊躑躅)에서 유래된 이름으로, 이는 꽃에 독성이 있어서 양이 먹으면 죽기 때문에 보기만 해도 머뭇거린다(躑躅)는 뜻

## | 잎

30%

어긋나기.
거꿀달걀형이며,
가장자리는 밋밋하다.
보통 가지 끝에 5장씩 모여 난다.

## | 꽃

양성화.
잎이 나면서,
새가지 끝에
연한 분홍색 꽃이
3~7개씩 핀다.
4~5월

## | 열매

삭과. 긴 달걀형이며,
익으면 위쪽이
5갈래로 갈라진다.
9~10월

## | 수피

회갈색이고 평활하지
만, 오래되면 작은 조
각으로 갈라져서 떨어
진다.

## | 겨울눈

물방울형이며, 끝이 뾰족
하다. 눈비늘에 부드러운
털이 있다.

산철쭉(*R. yedoense* f. *poukhanense*)

열매는 추어탕이나 생선탕의 비린내를 없애주는 향신료

# 초피나무

*Zanthoxylum piperitum*
[운향과 초피나무속]

낙엽교목
상록교목
낙엽소교목
상록소교목
낙엽관목
상록관목
낙엽덩굴
상록덩굴

• 낙엽관목 •수고 1~5m •분포 황해도 이남의 낮은 산지 숲 가장자리
• 유래 산초(山椒)나무와 비슷하나 주로 열매껍질(果皮)을 이용했기 때문에 붙인 이름

## 잎

어긋나기.
4~9쌍의 작은잎을 가진
홀수깃꼴겹잎이다.
잎가장자리의 톱니와
톱니 사이에
기름샘이
있다.

50%

## 꽃

암꽃

수꽃

암수딴그루. 잎겨드랑이에 연한 황록색 꽃이 모여 핀다. 4~5월

## 열매

삭과는 2개의 분과로 갈라
지며, 적갈색 또는 적색으
로 익는다. 9~10월

## 겨울눈

맨눈이고
구형이다.
황갈색의
누운 털로
덮여있다.

## 수피

짙은 갈색이고 날카
로운 가시와 함께 껍
질눈이 있다. 오래되
면 가시가 떨어지고
코르크질의 돌기가
발달한다.

내한성과 내병성이 강해서, 귤나무를 접목할 때 대목으로 이용된다

# 탱자나무 *Poncirus trifoliata* [운향과 귤나무속]

• 낙엽관목 • 수고 1~5m • 분포 경기도 이남의 민가 주변에 산울타리로 식재
• 유래 중국에서 들어온 나무이기 때문에 당(唐) 자와 탱자를 뜻하는 지(枳) 자를 붙여 당지(唐枳)
라고 하다가 탱자로 변한 것

## | 잎

100%

어긋나며, 세겹잎.
잎자루에 날개가 있다.
종소명 트리폴리아타
(*trifoliata*)는
'3장의 잎'이라는
의미이다.

## | 꽃

양성화.
잎이 나기 전에
가시가 있는 곳에
1~2개의 흰색
꽃이 피며,
향기가 좋다.
4~5월

## | 열매

감과(柑果). 구형이며, 노란색으로 익는다. 신맛이 강하며, 향기가 좋다. 9~10월

## | 겨울눈

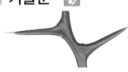

가시 위에 작은
겨울눈이 있고, 밑에
반원형의 잎자국이 있다.
2~3개의 눈비늘조각에
싸여있다.

## | 수피

녹갈색이고 세로로
얇게 갈라지지만 평
활하다. 성장함에 따
라 회갈색이나 회흑
색으로 변한다.

예전에는 뿌리가 낙태약으로 사용되었다

# 팥꽃나무

*Daphne genkwa*
〔팥꽃나무과 팥꽃나무속〕

낙엽교목
상록교목
낙엽소교목
상록소교목
**낙엽관목**
상록관목
낙엽덩굴
상록덩굴

낙엽관목 •수고 1m •분포 전남, 전북의 산지 들
유래 꽃색이 팥알 색과 비슷하고, 팥을 심는 시기에 꽃이 피기 때문에 붙인 이름

## 잎

60%

## 꽃

양성화.
잎이 나오기 전에
전년지 끝에서
3~7개의 홍자색 꽃이
모여 핀다.
3~4월

## 겨울눈

## 열매

[마]주나기.
[잎]몸은 날씬한 피침형이며,
[가]장자리는 밋밋하다.
[뒷]면에 연녹색의 부드러운 털이 많다.

눈비늘이 없는 맨눈이다.
반구형이며, 흰색 솜털로 덮여있다.

핵과. 타원형이며, 흰색이다가 녹색
그리고 적색으로 익는다. 6~7월

## 수피

[자]적갈색 또는 암갈색
[이]며, 껍질눈이 있지
[않고 매]끈한 편활하다.

일본이 원산지이며, 꽃으로 그해의 풍흉을 점치기도 한다

# 풍년화

*Hamamelis japonica*
[조록나무과 풍년화속]

• **낙엽관목** • **수고** 3~6m • **분포** 중부 이남에 공원수, 조경수로 식재 • **유래** 일본 이름 만사쿠
(滿作)은 '풍작'이란 뜻인데, 우리나라에 들여오면서 그 뜻을 따서 풍년화라 함

## | 잎

어긋나며, 약간 찌그러진 마름모꼴이다.
잎모양은 변화가 많으며,
좌우가 비대칭형이다.

40%

## | 꽃

양성화.
잎보다 먼저,
잎겨드랑이에
1개 또는 여러 개의
노란색 꽃이 핀다.
3~4월

## | 겨울눈

꽃눈은 달걀형이고 눈자루가 있으며,
2~4개가 모여 달린다.
눈비늘이 있지만 일찍 떨어진다.

▲ 꽃눈　　▲ 잎눈

## | 열매

삭과. 달걀꼴의 구형이며
갈색으로 익는다.
익으면 2갈래로 갈라져 2개
의 종자가 나온다. 10월

## | 수피

연한 갈색이며 타원상
의 껍질눈이 있다.
성장함에 따라 회갈색
으로 변한다.

우리나라 동해안과 서해안의 모래땅에서 자란다

# 해당화

*Rosa rugosa* [장미과 장미속]

낙엽교목
상록교목
낙엽소교목
상록소교목
낙엽관목
상록관목
낙엽덩굴
상록덩굴

• 낙엽관목 • 수고 1~2m • 분포 서해와 동해의 해안가
• 유래 바닷가(海)에서 자라는 아가위나무(棠)라는 뜻에서 붙인 이름

## 잎

어긋나기.
2~4쌍의 작은잎을 가진
홀수깃꼴겹잎이다.
종소명 루고사(*rugosa*)는
'주름이 많다'는 의미이다.

80%

## 꽃

양성화.
새가지 끝에
1~3개의
홍자색 꽃이 피며,
좋은 향기가 난다.
5~7월

## 겨울눈

달걀형 또는
구형이며,
끝이 둥글다.
5~7장의
눈비늘조각에
싸여있다.

## 열매

장미과. 약간 납작한 구형이며, 붉은색으로 익는다. 8~9월

## 수피

연한 갈색이며, 가늘
고 긴 가시로 덮여있
다. 성장함에 따라 세
로로 갈라진다.

줄기에 난 날개가 화살 깃을 닮아서, 중국 이름은 귀전우(鬼箭羽)

# 화살나무

*Euonymus alatus*
[노박덩굴과 화살나무속]

• 낙엽관목 • 수고 1~4m • 분포 전국의 산지 숲속
• 유래 줄기에 살깃(화살의 뒤 끝에 붙인 새의 깃) 모양의 날개가 달려 있어서 붙인 이름

## | 잎

70%

마주나기.
긴 타원형이며, 날카로운 잔톱니가 있다.
가을의 붉은 단풍이 아름답다.

## | 꽃

양성화.
전년지의
잎겨드랑이에
황록색 꽃이
모여 핀다.
5~6월

## | 겨울눈

물방울형이며,
6~10장의
눈비늘조각에
싸여있다.
가장자리에 자갈색
테두리가 있다.

## | 열매

삭과. 타원형이며, 붉은색으로 익는
다. 종자는 주황색의 가종피에 싸여
있다. 9~10월

## | 수피

짙은 회갈색이며, 코르
크질의 날개가 있다.

홑꽃은 황매화, 겹꽃은 죽단화

# 황매화

*Kerria japonica* 〔장미과 황매화속〕

• 낙엽관목 • 수고 1~2m • 분포 중부 이남의 공원 및 정원에 식재
• 유래 꽃 모양이 매화와 비슷하고, 황색 꽃을 피우기 때문에 붙인 이름

낙엽교목
상록교목
낙엽소교목
상록소교목
낙엽관목
상록관목
낙엽덩굴
상록덩굴

## 잎

어긋나기.
잎가장자리에 겹톱니가 있으며,
잎끝이 뾰족하다.

90%

## 꽃

양성화.
전년지의
잎겨드랑이에
황록색 꽃이
모여 핀다.
4~5월

## 겨울눈

물방울형이며,
끝이 뾰족하다.
8~12장의
눈비늘조각에
싸여있다.

## 열매

수과. 넓은 타원형이며, 갈색으로 익
는다. 꽃받침 안에 1~5개의 열매가
모여 달린다. 9~10월

죽단화(*K. japonica* f. *pleniflora*)
▲ 꽃잎이 겹입인 것

## 수피

어릴 때는 녹색이며,
오래되면 갈색 또는
짙은 회갈색으로 변
한다.

255

수피와 열매가 좋아 관상용으로 많이 심는다
# 흰말채나무
*Cornus alba*
〔층층나무과 층층나무속〕

• 낙엽관목  • 수고 2~3m  • 분포 전국의 공원 및 정원에 식재
• 유래 말채나무와 같이 층층나무과에 속하며, 열매가 흰색으로 익기 때문에 붙인 이름

## | 잎

마주나기.
넓은 타원형이며,
가장자리는 밋밋하다.
측맥이 잎끝을 향해
둥글게 뻗어 있다.

50%

## | 꽃

양성화.
가지 끝에
자잘한 흰색 꽃이
모여 핀다.
5~6월

## | 겨울눈

맨눈이며,
끝눈은 긴 달걀형이고
끝이 뾰족하다.
갈색의 누운 털로 덮여있다.

## | 열매

핵과. 구형이며, 흰색으로 익는다.
단맛이 난다. 8~9월

## | 수피

여름에 청갈색이다가
겨울에 적자색을 띤
다. 광택이 나며, 회
백색의 둥근 껍질눈
이 많다.

송광사 근처에서 처음 발견되었기 때문에 송광납판화라고도 부른다

# 히어리

*Corylopsis coreana*
[조록나무과 히어리속]

• 낙엽관목 • 수고 2~4m • 분포 전남, 경남, 강원도, 경기도의 산지
• 유래 지리산 부근 순천지방에 시오리(十五里)마다 이 나무가 있다 하여, 시오리나무라 부르다가 시어리, 히어리가 된 것

## | 잎

40%

어긋나기.
달걀형이며, 잔물결 모양의
톱니가 있다.
잎맥은 나란히 나오고,
질감이 부드럽다.

## | 꽃

양성화.
잎보다 먼저,
잎겨드랑이에
5~12개의
노란색 꽃이
모여 핀다.
3~4월

## | 겨울눈

꽃눈은 통통한 구형이며,
잎눈은 물방울형이다.
2장의 눈비늘조각에 싸여있다.

## | 열매

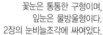

삭과. 구형 또는 거꿀달걀형이
며, 갈색으로 익는다. 9월

## | 수피

회갈색이며, 평활하
다. 어린가지는 갈색
이고 껍질눈이 있다.

257

# Chapter 06

상록관목

주간과 가지의 구별이 확실하지 않고
지면에서부터 여러 개의 가지가 나오며,
겨울에도 잎이 지지 않는
수고 0.3~3m 정도의 나무

한국 특산종으로, 경기도와 충청북도 이남에 자생한다

# 개비자나무 *Cephalotaxus harringtonia*
[개비자나무과 개비자나무속]

• 상록관목 • 수고 2~3m • 분포 경기도 중부 이하의 산지 숲속 • 유래 잎 모양이 비자나무와 비슷하지만, 나무의 재질이나 쓰임새가 이보다 못하다 하여 붙인 이름

## | 잎

아닐 비(非)자 모양으로 좌우로 나란하다. 뒷면에 2줄의 흰색 숨구멍줄이 있다.

60%

## | 꽃

암수딴그루(간혹 암수한그루). 암꽃이삭은 녹색의 달걀형이고, 수꽃이삭은 황갈색의 타원형이다. 3~4월

## | 열매

핵과상 타원형이며, 적갈색으로 익는다. 익은 헛씨껍질(假種皮)는 단맛이 난다. 다음해 9~10월

## | 겨울눈

암꽃눈은 좁은 달걀형이며, 8~16장의 눈비늘조각에 싸여있다.

## | 수피

짙은 갈색이며, 성장함에 따라 세로로 갈라져 벗겨진다.

나무는 여정목, 열매는 여정실이라고 한다

# 광나무
*Ligustrum japonicum*
[물푸레나무과 쥐똥나무속]

낙엽교목
상록교목
낙엽소교목
상록소교목
낙엽관목
상록관목
낙엽덩굴
상록덩굴

• 상록관목 • 수고 3~5m • 분포 경남, 전남, 제주도의 해안 가까운 산지
• 유래 잎이 도톰하고 표면에 왁스 성분이 많아서 광택이 나기 때문에 붙인 이름

## 잎

마주나기.
넓은 타원형이며, 가장자리는 밋밋하다.
두꺼운 가죽질이고
광택이 있다.

70%

## 꽃

양성화.
새가지 끝에
흰색 꽃이
모여 피며,
좋은 향기가 난다.
6~7월

## 열매

핵과. 타원형이며,
흑자색으로 익는다.
겨울 동안에도 가지에 달려 있다.
10~11월

## 겨울눈

적갈색을 띠고 둥근 달걀형
이며, 5~6장의 눈비늘조각
에 싸여있다.

## 수피

회갈색 또는 회백색
을 띤다.
평활하며, 가로방향
의 껍질눈이 있다.

261

예전에는 자식을 대학까지 보낼 수 있어서, '대학나무'라고 했다

# 귤나무

*Citrus reticulata* 〔운향과 귤나무속〕

• 상록관목 • 수고 3~5m • 분포 제주도 및 남부지역에서 과실수로 재배
• 유래 이 나무의 중국 이름 귤(橘)을 그대로 차용한 것

## | 잎

어긋나기.
두꺼운 가죽질이고 잎자루에는
좁은 날개가 있다.
잎몸을 찢으면
밀감 냄새가 난다.

50%

## | 꽃

양성화.
잎겨드랑이에
1~3개의
흰색 꽃이 모여 피며,
달콤한 향기가 난다.
5~6월

## | 겨울눈

꽃눈은
거의 둥근형이다.

## | 열매

감과. 등황색의 약간 납작한 구형이
다. 새콤달콤한 맛이 난다. 11~12월

## | 수피

녹갈색이고, 세로로
길게 갈라진다.

낙엽교목
상록교목
낙엽소교목
상록소교목
낙엽관목
상록관목
낙엽덩굴
상록덩굴

꽃은 향기가 좋아, 향수의 원료로 사용된다

# 금목서 *Osmanthus fragrans* var. *aurantiacus*
[물푸레나무과 목서속]

• 상록관목  • 수고 3~4m  • 분포 경남, 전남지역의 따뜻한 곳에 식재
• 유래 목서속 나무인데, 꽃색이 금색(등황색)이므로 붙여진 이름

## | 잎

마주나기.
가죽질이고 광택이 있으며,
가장자리에는 작고 예리한
톱니가 있다.
잎 전체가 울퉁불퉁하다.

70%

## | 꽃

암꽃

수꽃

암수딴그루. 잎겨드랑이에 노란색 꽃이 모여 피며, 향기가 매
우 강하다. 9~10월

## | 열매

핵과.
다음해 가을에
자흑색으로 익는다.
우리나라에서는
암그루를
보기가
어렵다.
다음해 10월

## | 수피   | 겨울눈

회백색이며, 성장함에
따라 마름모꼴이나 세
로로 길게 갈라진다.

세모꼴 달걀형이며,
눈비늘조각에 싸여
있다.

263

종 모양의 꽃이 6월에서 11월까지 오랫동안 핀다

# 꽃댕강나무

*Abelia* × *grandiflora*
[인동과 댕강나무속]

• 상록관목 • 수고 2~3m • 분포 중부 이남의 정원 및 공원에 식재
• 유래 댕강나무속이면서, 희고 향기로운 꽃이 오랫동안 피기 때문에 붙인 이름

## | 잎

100%

마주나기.
따뜻한 곳에서는
푸른 잎을 달고
겨울을 나는
반상록성이다.

## | 꽃

양성화.
작은 가지 끝에
연분홍색 꽃이
모여 피며,
좋은 향기가 난다.
6~11월

## | 겨울눈

긴 타원형이며, 눈비늘조각에 싸여있다.

## | 열매

수과. 선상의 긴 타원형이고 털이 있다. 4개의 날개가 있고, 대부분 성숙하지 않는다.

## | 수피

붉은빛이 돌고 털이
없으며, 세로로 얕게
갈라진다.

맹아력이 좋아 생울타리나 토피어리 용도로 많이 사용된다

# 꽝꽝나무

*Ilex crenata*
[감탕나무과 감탕나무속]

낙엽교목
상록교목
낙엽소교목
상록소교목
낙엽관목
상록관목
낙엽덩굴
상록덩굴

• 상록관목 • 수고 3~5m • 분포 경남, 전남, 전북, 제주도의 산지 숲속
• 유래 잎이 두껍고 살이 많아서, 불에 태우면 '꽝꽝' 소리가 난다 하여 붙인 이름

## | 잎

어긋나기.
긴 타원형 또는 타원형이며,
가장자리에 얕고
둔한 톱니가 있다.

100%

## | 꽃

암꽃

수꽃

암수딴그루. 새가지 밑이나 드물게 잎겨드랑이에 녹백
색 꽃이 모여 피며, 향기가 좋다. 5~6월

## | 겨울눈

구형 또는 달걀형이며,
끝이 뾰족하다.

## | 열매

핵과. 구형이며, 검은색으로
익는다. 약간 단맛이 난다.
9~10월

## | 수피

회백색을 띠며, 껍질
눈이 많다. 성장함에
따라 세로로 융기하
여 근육 모양이 나타
난다.

265

상록수지만 추운 지역에서는 반상록수이거나 낙엽수이다

# 남천

*Nandina domestica* 〔매자나무과 남천속〕

• 상록관목 • 수고 1~3m • 분포 관상용으로 주로 남부지방에 식재
• 유래 남천촉(南天燭) 혹은 남천죽(南天竹)의 줄임말. 중국 남쪽 지역인 남천에서 자라고, 열매가 불꽃처럼 붉어서 혹은 줄기가 대나무처럼 곧게 자라기 때문에 붙인 이름

## | 잎

20%

작은잎이
2~3번 반복되는
2~3회깃꼴겹잎이다.
상록이지만 겨울철에
붉은색으로 변하기도 한다.

## | 꽃

양성화.
가지 끝의
대형 원추꽃차례에서
흰색 꽃이
모여 핀다.
5~6월

## | 열매

장과.
구형이고
연한 초록에서
붉은색으로 익으며,
겨울 내내 달려있다.
10~12월

## | 수피  | 겨울눈

갈색이며 오래되면 세
로로 얕은 홈이 생긴다.

원추형이며, 여러
개의 비늘조각이 줄
꼴로 감싸고 있다.

정감이 넘치는 이름을 가진 나무

# 다정큼나무 *Raphiolepis indica* var. *umbellata*
〔장미과 다정큼나무속〕

낙엽교목
상록교목
낙엽소교목
상록소교목
낙엽관목
상록관목
낙엽덩굴
상록덩굴

• 상록관목 • 수고 2~4m • 분포 경남, 전남, 전북 제주도의 바다 가까운 산지
• 유래 상록의 작은 잎이 가지 끝에서 오밀조밀하고 다정하게 모여 나므로 붙인 이름

## 잎

40%

거긋나기.
긴 타원형이며, 둔한 톱니가 있다.
가지 끝에 여러 장의 잎이 돌려난다.

## 꽃

양성화. 전년지 끝에 흰색 또는 연
분홍색의 꽃이 모여 핀다. 5~6월

## 겨울눈

긴 달걀형이며,
5~7장의
적자색
눈비늘조각에
싸여있다.

## 열매

이과.
구형이며,
흑자색으로
익는다.
표면에 흰색 분이
생긴다.
10~11월

## 수피

흑갈색이며, 세로로
길게 갈라진다.

267

꽃향기가 멀리까지 퍼진다 하여, 만리향이라는 별칭도 가지고 있다

# 돈나무

*Pittosporum tobira* 〔돈나무과 돈나무속〕

• 상록관목 • 수고 2~3m • 분포 경남, 전남, 전북 및 제주도의 바닷가 산지 • 유래 꽃과 열매에 꿀이 분비되면 벌레가 많이 꼬이므로, 지저분하여 '똥나무'라 하다가 변한 이름

## │ 잎

어긋나기.
긴 거꿀달걀형이며,
가지 끝에 모여 달린다.
햇빛을 많이 받으면
잎이 약간 뒤로 말린다.

35%

## │ 꽃

암수딴그루.
새가지 끝에
흰색 꽃이
모여 피며,
좋은 향기가
난다.
4~5월

## │ 겨울눈

꽃눈은 반원형이고,
잎눈은 달걀형이다.

## │ 열매

삭과. 황갈색으로 익으며, 3갈래로
갈라져 끈끈한 점액질에 싸인 붉은
종자가 드러난다. 9~11월

## │ 수피

회백색이며, 평활하
다. 성장함에 따라 껍
질눈이 두드러진다.

꽃향기가 좋아 중국에서는 칠리향 또는 향수(香樹)

# 만병초 *Rhododendron brachycarpum*
[진달래과 진달래속]

• 상록관목 • 수고 1~3m • 분포 지리산 이북의 높은 산지 및 정상부, 울릉도
• 유래 만병에 효능이 있는 풀(사실은 풀이 아니고 나무)이라는 뜻에서 붙여진 이름

낙엽교목
상록교목
낙엽소교목
상록소교목
낙엽관목
상록관목
낙엽덩굴
상록덩굴

## 잎

어긋나며,
보통 가지 끝에 5~7개씩
모여난다.
타원꼴
피침형이며,
가장자리가
약간 뒤로 말린다.

30%

## 꽃

양성화. 가지 끝에서 흰색 또는
연한 홍색의 꽃이 모여 핀다.
6~7월

## 열매

삭과.
갈색의 긴
원통형이며,
익으면 위쪽이
5갈래로 벌어진다.
8~9월

## 겨울눈

꽃눈은
넓은 달걀형이고
황록색의 눈비늘로
덮여있다.
잎눈은
긴 타원형이다.

## 수피

적갈색 또는 회갈색
이고, 오래되면 세로
로 얕게 갈라진다.

꽃향기가 맑고 진한, 가을을 대표하는 나무

# 목서

*Osmanthus fragrans* [물푸레나무과 목서속]

• 상록관목 • 수고 3~5m • 분포 경남, 전남 지역에 식재 • 유래 수피가 무소(코뿔소)의 뿔 표면과 비슷하고, 잎에 무소의 뿔같은 날카로운 가시가 있어서 붙인 이름

## | 잎

마주나기.
긴 타원형이며, 가장자리에
예리한 가시가 있다.
재질은 두꺼운 가죽질이다.

90%

## | 꽃

암꽃

수꽃

암수딴그루. 잎겨드랑이에 흰색 꽃이 모여 핀다. 향기가
매우 좋다. 9~11월

## | 열매

핵과.
타원형이며,
자흑색으로 익는다.
다음해 3~5월

## | 수피

연한 회백색이며, 껍
질눈이 있다. 성장함
에 따라 마름모꼴로
갈라진다.

## | 겨울눈

곁눈은 마주나고
세모꼴 달걀형이
며, 눈비늘조각
에 싸여있다.

열매는 연말연시에 달고 다니는 '사랑의 열매'와 비슷하다

# 백량금

*Ardisia crenata*
[자금우과 자금우속]

낙엽교목
상록교목
낙엽소목
상록소목
낙엽관목
**상록관목**
낙엽덩굴
상록덩굴

• 상록관목 • 수고 0.5~1m • 분포 제주도 및 전남, 경남 도서의 숲속
• 유래 중국에 있는 백량금과 비슷한 식물의 이름에서 차용한 것

## 잎

거긋나기.
긴 타원형이며,
가장자리에
물결 모양의
톱니가 있다.
재질은 두꺼운
가죽질이다.

50%

## 꽃

양성화.
가지 끝에
흰색 꽃이
아래를 향해
모여 핀다.
7~8월

## 겨울눈

작은 원뿔형이고,
몇 장의 작은
눈비늘조각에 싸여있다.

## 열매

핵과.
구형이고
붉은색으로
익으며,
다음해에
꽃이 필 때까지
달려있다.
10~12월

## 수피

회갈색이며, 어린 가지
는 둥글고 녹색이다.

271

# 백정화

*Serissa japonica* [꼭두서니과 백정화속]

• 상록관목 • 수고 0.5~1m • 분포 남부 지역에 식재
• 유래 주로 흰색(白) 꽃이 피고, 꽃부리가 깔때기 같은 정(丁) 자 모양이어서 붙인 이름

| 잎

마주나기. 좁은 타원형이며,
잎면이 구불구불하다.
잎에 반점이 있는
원예종을 많이 심는다.

100%

| 꽃

양성화. 잎겨드랑이에 1~2개의 흰색 또는 연분홍색
의 꽃이 핀다. 5~6월

| 열매

핵과.
구형이고,
꽃받침자국이 있다.
9월

| 수피

회색이고, 가지는 옆
으로 퍼져서 덤불처
럼 보인다.

오스트레일리아가 원산지이며, 영어 이름은 보틀 브러시(Bottle brush)

# 병솔나무

*Callistemon citrinus*
[도금양과 병솔나무속]

낙엽교목
상록교목
낙엽소교목
상록소교목
낙엽관목
상록관목
낙엽덩굴
상록덩굴

- 상록관목 • 수고 2m • 분포 남부 지방에서 조경수로 식재
- 유래 꽃 모양이 긴 병을 씻는 솔을 닮았다 하여 붙인 이름

| 잎

어긋나기.
긴 타원상의
피침형이며,
뻣뻣하고
광택이
약간 난다.

80%

| 꽃

양성화.
붉은색의
긴 수술대가
눈에 띤다.
수상꽃차례 전체가
젖병을 씻는
솔처럼 보인다.
5~6월

| 열매

삭과.
몇 년 동안의 열매가
가지에 붙어있어서,
마치 가지 전체에 벌레집이
붙은 것처럼 보인다.
9~10월

| 겨울눈

적갈색이며,
눈비늘조각에
싸여 있다.

| 수피

연갈색 또는 회갈색
이며, 성장함에 따라
리본처럼 길게 벗겨
진다.

꽃에서 약간 퀴퀴한 암모니아 냄새를 풍긴다

# 사스레피나무

*Eurya japonica*
[차나무과 사스레피나무속]

• 상록관목 • 수고 2~4m • 분포 전남, 경남, 남해안 도서 및 제주도 해안가와 산지
• 유래 이 나무의 제주도 방언 '가스레기낭'에서 유래된 이름

## | 잎

어긋나기.
타원형이며, 잎끝이 조금
오목하게 들어간다.
재질은 두꺼운 가죽질이고
광택이 난다.

80%

## | 꽃

암꽃　수꽃

암수딴그루(간혹 암수한그루). 잎겨드랑이에 1~3개의 황백색
꽃이 달리며, 아래를 향해 핀다. 2~4월

## | 겨울눈

초록색이고,
맨눈이다.
좁은 피침형이며,
끝이 낫처럼 굽어 있다.

## | 열매

장과. 구형이며, 흑자색으로
익는다. 속에 많은 종자가 들
어 있다. 10~11월

## | 수피

회색이고 평활하지
만, 오래되면 세로로
불규칙한 작은 주름
이 생긴다.

'사철 늘 푸른나무'라는 뜻이며, 동청(冬靑)이라 부르기도 한다

# 사철나무

*Euonymus japonicus*
[노박덩굴과 화살나무속]

낙엽교목
상록교목
낙엽소교목
상록소교목
낙엽관목
상록관목
낙엽덩굴
상록덩굴

• 상록관목 • 수고 3~5m • 분포 중부 이남의 바닷가 및 인근 산지
• 유래 사철 내내 푸른 잎을 달고 있기 때문에 붙인 이름

## | 잎

마주나기.
타원형이며, 가장자리에
둔한 톱니가 있다.
가지 끝에는 잎이 모여난다.

100%

## | 꽃

양성화.
잎겨드랑이에
황록색 또는
황백색 꽃이
모여 핀다.
6~7월

## | 열매

삭과. 구형이며, 황갈색 또는 적
갈색으로 익는다. 종자는 주황색
가종피에 싸여 있다. 10~12월

## | 수피

회갈색 또는 회흑색
이며, 오래되면 세로
방향으로 갈라진 틈
이 생긴다.

## | 겨울눈

긴 달걀형이고, 끝이 뾰
족하다. 6~10개의 눈비
늘조각에 싸여 있다.

실내 공기정화식물로 널리 활용된다

# 산호수

*Ardisia pusilla*
[자금우과 자금우속]

• 상록관목 • 수고 15~20cm • 분포 제주도의 숲속 및 계곡 가장자리
• 유래 땅을 기면서, 산호의 가지처럼 줄기가 갈라져서 자라기 때문에 붙인 이름

## | 잎

마주나기.
타원형이며, 잎가장자리에
드문드문 톱니가 있다.
가지 끝에
3~4장의
잎이 모여난다.

50%

## | 꽃

양성화.
줄기 또는
잎겨드랑이에
흰색 꽃이 모여 핀다.
7~8월

## | 겨울눈

물방울형이며,
끝이 뾰족하다.
눈비늘에 털이 많다.

## | 열매

핵과. 구형 또는 타원형이며, 붉
은색으로 익는다. 10~12월

## | 수피

적갈색을 띠며, 표면
이 매끈하다.

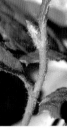

향기가 멀리까지 퍼진다 하여, 칠리향 또는 천리향으로도 불린다

# 서향나무

*Daphne odora*
[팥꽃나무과 팥꽃나무속]

낙엽교목
상록교목
낙엽소교목
상록소교목
낙엽관목
상록관목
낙엽덩굴
상록덩굴

• 상록관목 • 수고 1m • 분포 전남과 경남 등 남부지방에 식재
• 유래 꽃에서 상서로운 향기가 난다고 하여 붙인 이름

## 잎

어긋나기,
긴 타원형이며,
잎자루는 거의 없다.
잎몸이 두껍고
주맥이 뚜렷하며,
광택이 있다.

60%

## 꽃

형태적으로 양성화이지만, 결실하는 주와 결실하지 않는 주가 있다. 가지 끝에 연한 홍자색의 꽃이 모여 피며, 좋은 향기가 난다. 3~5월

## 열매

핵과. 넓은 타원형이며, 붉은 색으로 익는다. 우리나라에는 대부분 수나무여서 열매를 보기 어렵다. 5~7월

## 겨울눈

꽃눈

잎눈

가지 끝에는
많은 꽃눈이
발달한다.
곁눈은
매우 작다.

## 수피

어릴 때는 녹색이지만, 자라면서 적갈색을 띤다. 매끄럽고 광택이 있으며 평활하다.

277

잎과 줄기가 푸른빛을 띠기 때문에, 일본 이름은 아오키(靑木)

# 식나무

*Aucuba japonica* [식나무과 식나무속]

• 상록관목  • 수고 2~3m  • 분포 울릉도, 경남, 전남, 제주도의 산지 숲속
• 유래 사철 생생한 잎을 달고 있는 나무라서, 생나무(生木)라 불리다가 싱나무가 되고, 다시
  식나무로 변한 것

## | 잎

50%

마주나기.
긴 타원형이고
상반부에만
큼직한 톱니가 있다.
두꺼운 가죽질이고
광택이 있다.

## | 꽃

암꽃

수꽃

암수딴그루(간혹 함수한그루). 전년지 끝에 원추꽃차례로 자갈색 꽃이 모여 핀다. 3~4월

## | 열매

핵과. 타원형이며, 붉은색으로 익는다. 단맛이 난다. 11~12월

## | 겨울눈

녹색이고
원뿔형이다.
눈비늘조각은
6장이며,
밑 부분의
2장은 작다.

## | 수피

유목

성목

유목은 녹색이며, 광택이 있다.
성장함에 따라 세로로 얕게 갈라
지고 회갈색이 된다.

278

일본에서 건너와서 왜철쭉이라고도 하며, 일본 이름은 사쯔끼(皐月)

# 영산홍

*Rhododendron indicum*
[진달래과 진달래속]

 상록관목 • 수고 1~2m • 분포 중부와 남부 지방에 조경수로 식재
• 유래 황해북도 장풍군의 영산에 주황색으로 피는 철쭉꽃, 혹은 온 산(山)을 뒤덮는(映)
붉은(紅) 꽃이라는 뜻에서 유래

## | 잎

80%

어긋나기.
긴 타원형이며, 가장자리는 밋밋하다.
잎은 가지 끝에 4~5개씩 모여 난다.

## | 꽃

양성화.
전년지
가지 끝에
홍자색 등
여러 가지
색의 꽃이
1~3개씩 핀다.
5~7월

## | 겨울눈

꽃눈은 가지 끝에,
잎눈은 어긋나게 달린다.
가지 끝에 1~2개가 달린다.

## | 열매

삭과. 달걀형이며, 표면에 거친
털이 있다. 9~10월

## | 수피

평활하지만 오래되면
잘게 벗겨진다.

 낙엽교목
상록교목
낙엽소교목
상록소교목
낙엽관목
상록관목
낙엽덩굴
상록덩굴

 279

시중의 꽃집에서는 '천냥금'이라는 이름으로 유통된다

# 자금우

*Ardisia japonica* [자금우과 자금우속]

• 상록관목 • 수고 15~25cm • 분포 울릉도, 제주도 및 서·남해안 도서의 숲속
• 유래 중국 이름 자금우(紫金牛)를 그대로 받아들여 사용한 것

## | 잎

60%

마주나기.
타원형 또는 달걀형이며, 가장자리에 가는 톱니가 있다.
줄기의 윗부분에 3~4장씩 모여 달린다.

## | 꽃

양성화.
줄기 끝의
잎겨드랑이에
연분홍색 꽃이
아래를 향해
모여 핀다.
6~7월

## | 열매

핵과.
구형이며,
붉은색으로
익는다.
9~10월

## | 겨울눈

둥근꼴 원뿔형이며,
크기가 작아서
눈에 잘 띄지 않는다.

## | 수피

어린 줄기에는 약간
털이 있으나 차츰 떨
어진다.

열매가 1년 후에 피는 꽃을 맞이하므로, 실화상봉수(實花相逢樹)

# 차나무

*Camellia sinensis*
[차나무과 동백나무속]

낙엽교목
상록교목
낙엽소교목
상록소교목
낙엽관목
상록관목
낙엽덩굴
상록덩굴

• 상록관목 • 수고 1~5m • 분포 경남, 전북 이남에서 재배
• 유래 중국 이름 차수(茶樹)를 그대로 받아들여 사용한 것

## | 잎

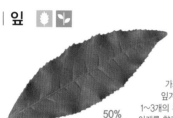

50%

어긋나기.
타원형이며, 가장자리에
물결 모양의 둔한 톱니가 있다.
잎끝이 조금 오목하게 들어간다.

## | 꽃

양성화.
가지 끝이나
잎겨드랑이에
1~3개의 흰색 꽃이
아래를 향해 달린다.
10~11월

## | 겨울눈

피침형이며,
눈비늘조각에
싸여있다.
눈비늘은 은회색
솜털로 덮여있다.

## | 열매

삭과.
납작한 구형이며,
익으면 3갈래로
갈라진다.
다음해 8~10월

## | 수피

어린 줄기는 갈색이고
털이 있다. 성장함에
따라 회백색으로 변하
고 매끈해진다.

주황색 열매는 옷감을 염색하거나, 음식 재료에 색을 낼 때 사용된다

# 치자나무

*Gardenia jasminoides*
［꼭두서니과 치자나무속］

• 상록관목 • 수고 1~3m • 분포 남부 지역에서 재배
• 유래 치자(梔子)라는 이름은 그 열매가 술잔(巵)처럼 생겼기 때문에 붙인 것

## | 잎

마주나기.
긴 타원형이며,
턱잎이 합쳐져서
가지를 감싼다.

60%

## | 꽃

양성화.
가지 끝에
흰색 꽃이
1개씩 피며,
향기가 좋다.
6~7월

## | 겨울눈

피침형이며,
녹색을 띤다.
겨울눈은
통상 4장의
턱잎에
싸여있다.

## | 열매

장과. 긴 타원형이고 황적색
으로 익으며, 6~7개의 돌
출된 능선이 있다. 익어도
갈라지지 않는다. 9~10월

꽃치자(*G. asminoides* var. *radicans*)
▲ 겹꽃이 피며, 열매를 맺지 못한다.

## | 수피

회색 또는 회갈색이
며, 껍질눈이 있다.
어린 가지에는 털이
밀생한다.

282

해안가의 상록수림 아래에서 자라는 음수

# 팔손이

*Fatsia japonica*
[두릅나무과 팔손이속]

낙엽교목

상록교목

낙엽소교목

상록소교목

낙엽관목

상록관목

낙엽덩굴

상록덩굴

• 상록관목 • 수고 2~4m • 분포 경남, 전남 및 제주도
• 유래 갈래잎인데, 8갈래로 갈라진 것이 많기 때문에 붙인 이름

## 잎

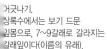

거긋나기.
상록수에서는 보기 드문
잎몸으로, 7~9갈래로 갈라지는
갈래잎이다(이름의 유래).

## 꽃

양성화

수꽃

수꽃양성화한그루. 가지 끝에 황백색의 수꽃이 여러 개 모여
달리고, 그 중앙에 양성화(수술기→암술기)가 핀다. 11~12월

## 열매

장과.
구형이며,
검은색으로 익는다.
다음해 4~5월

## 겨울눈

꽃눈

잎눈

꽃눈은 여름에 생기
고 초겨울에 개화한
다. 끝눈은 달걀형이
고 끝이 뾰족하다.

## 수피

어린 줄기는 초록색
이고 커가면서 잿빛
을 띤 회색으로 변한
다. 가지에 큰 잎자
국이 남아있다.

283

겨울의 붉은색 열매가 꽃보다 더 화려하다

# 피라칸다

*Pyracantha angustifolia*
〔장미과 피라칸다속〕

• 상록관목 • 수고 1~2m • 분포 전북 및 경북 이남에 식재. 중부지방에서도 곳에 따라 월동 가능
• 유래 불꽃을 의미하는 피로(pyro)와 가시를 의미하는 아칸타(acantha)의 합성어인, 속명 피라칸타(Pyracantha)를 그대로 사용한 것

## | 잎

어긋나기.
좁고 긴 타원형이며,
짧은가지에서는 모여 난다.

60%

## | 꽃

양성화.
위쪽 가지의
잎겨드랑이에
자잘한 흰색
또는 황백색 꽃이
모여 핀다.
5~6월

## | 겨울눈

피침형 또는
방추형이고,
적갈색의 비단 털로
덮여있다.

## | 열매

이과. 구형이며, 붉은색 또는 주황색으로 익는다. 약간 단맛이 난다. 9~12월

## | 수피

회갈색이고 껍질눈이 있으며, 평활하다. 성장함에 따라 회흑색이 되며, 줄기가 융기한다.

284

꽃 · 잎 · 줄기 · 뿌리에 치명적인 독을 지니고 있다

# 협죽도

*Nerium indicum*
[협죽도과 협죽도속]

낙엽교목
상록교목
낙엽소교목
상록소교목
낙엽관목
상록관목
낙엽덩굴
상록덩굴

• 상록관목 • 수고 2~3m • 분포 제주도 및 남부 지역에 식재 • 유래 잎이 대나무(竹) 잎처럼 좁게(狹) 생기고, 꽃은 복사(桃) 꽃을 닮았기 때문에 붙인 이름

## 잎

마주나기.
잎 모양은 대나무 잎처럼 길쭉하다.
하나의 마디에서
3개의 잎이 나온다(삼륜생).

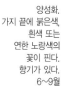

40%

## | 꽃

양성화.
가지 끝에 붉은색,
흰색 또는
연한 노랑색의
꽃이 핀다.
향기가 있다.
6~9월

## | 열매

골돌과.
선형이며,
적갈색으로
익는다.
국내에서는
열매를 보기가
어렵다.
10~11월

## | 겨울눈

타원형이며,
눈비늘조각에
싸여있다.

## 수피

회색이며, 마름모꼴
의 껍질눈이 있고 평
활하다. 성장함에 따
라 얕게 갈라진다.

푸른 잎과 붉은 열매는 크리스마스 장식에 이용된다

# 호랑가시나무

*Ilex cornuta*
[감탕나무과 감탕나무속]

• 상록관목 • 수고 2~3m • 분포 전남, 전북, 제주도의 바닷가 가까운 산지
• 유래 잎끝에 호랑이 발톱 같은 날카롭고 단단한 가시가 나 있어서 붙인 이름

## | 잎

어긋나기.
잎은 타원 모양의 육각형이며,
두껍고 광택이 난다.
각 모서리 끝에
날카로운 가시가 있다.

100%

## | 꽃

암꽃

수꽃

암수딴그루. 전년지의 잎겨드랑이에 녹백색 꽃이 모여 핀다.
4~5월

## | 열매

핵과.
구형이며,
붉은색으로 익는다.
9~10월

## | 겨울눈

꽃눈

잎눈

꽃눈은 작고 구형이며,
잎눈은 작고 원뿔형이다.

## | 수피

회백색이며, 처음에
는 평활하지만, 오라
될수록 세로로 깊게
갈라진다.

재질이 매우 단단하여 도장·목활자·호패·얼레빗 등에 활용되었다

# 회양목
*Buxus microphylla*
[회양목과 회양목속]

낙엽교목
상록교목
낙엽소교목
상록소교목
낙엽관목
상록관목
낙엽덩굴
상록덩굴

• 상록관목 • 수고 2~3m • 분포 제주도, 남해 도서지역의 산간 바위지대, 특히 석회암
지대 • 유래 줄기 속이 황색(黃)이고 버드나무(楊)를 닮았다 하여, 황양목(黃楊木)이라
하다가 화양목, 회양목으로 변한 것

## | 잎

마주나기.
거꿀달걀형이며,
가장자리는 밋밋하다.
잎끝이 오목하게 들어간다.

100%

## | 꽃

암수한그루. 중앙부에 암꽃이
있고, 주위에 여러 개의 수꽃
이 둘러있다. 3~4월

## | 열매

삭과. 달걀형 또는 거의 구형
이며, 갈색으로 익는다. 6~7월

## | 겨울눈

꽃눈은 구형이고,
그 안에 작은 꽃봉오리가
여러 개 발달한다.
잎눈은 길고 뾰족한
타원형이다.

꽃눈          잎눈

## | 수피

회백색 또는 회갈색
이며, 성장함에 따라
불규칙한 조각으로
갈라진다. 노목에는
이끼류가 붙어있는
것이 많다.

# Chapter 07

# 낙엽덩굴나무

줄기로 서지 못하고 다른
식물이나 물체에 걸치거나
감겨서 생활하며,
겨울에 잎이 지는 나무

늦가을 노란 열매와 줄기는 꽃꽂이의 좋은 소재

# 노박덩굴

*Celastrus orbiculatus*
[노박덩굴과 노박덩굴속]

•낙엽덩굴나무 •길이 10m •분포 전국의 산지 •유래 '덩굴성 줄기가 길 위까지 뻗쳐 나와 길(路)을 가로막는다(泊廢)'는 뜻의 노박폐(路泊廢) 덩굴에서 유래된 것

## | 잎

어긋나기.
타원형 또는 원형이며,
가장자리에 얕은 톱니가 있다.
잎끝이 길게 뾰족하다.

60%

## | 꽃

암꽃　수꽃

암수딴그루. 황록색 꽃이 잎겨드랑이, 때로는 새가지 끝에 모여 핀다. 5~6월

## | 열매

## | 겨울눈

삭과. 구형이고 노란색을 띠며, 익으면 3갈래로 갈라진다. 종자는 황적색 헛씨껍질에 싸여있다. 9~10월

## | 수피

회갈색이며,
성장함에
따라 세로로
긴 그물 모양이
되고 융기한다.

구형 또는 원추형이며, 끝이 뾰족하다.
가장 바깥쪽 눈비늘은 갈고리 모양이다.

옛날에는 양반집 마당에만 심을 수 있어서 양반꽃이라 했다

# 능소화

*Campsis grandiflora* [능소화과 능소화속]

낙엽교목
상록교목
낙엽소교목
상록소교목
낙엽관목
상록관목
낙엽덩굴
상록덩굴

• 낙엽덩굴나무 • 길이 10m • 분포 중부 이남에 식재 • 유래 능가하다는 능(凌)과 하늘을
뜻하는 소(霄)를 붙여서, 덩굴이 하늘을 가릴 정도로 높이 올라가면서 피는 꽃이라는 뜻

## | 잎

마주나기.
3~5쌍의 작은잎을 가진
홀수깃꼴겹잎이다.
잎축에 세로로
모가 져있다.

30%

## | 꽃

양성화. 새가지 끝에서 깔때기 모
양의 황적색 꽃이 모여 핀다.
7~9월

## | 열매

삭과.
국내에서는
열매를
잘 맺지 않는다.
10월

## | 겨울눈

달걀형이고 작다.
관다발자국은
둥글게 배열되어 있다.

## | 수피

회갈색을 띠며, 성장
함에 따라 표면이 얇
은 리본 모양으로 벗
겨진다.

〈청산별곡〉에 나오는 맛있는 열매

# 다래

*Actinidia arguta* [다래나무과 다래나무속]

• 낙엽덩굴나무 • 길이 10~15m • 분포 전국의 산지에서 흔하게 자람
• 유래 '열매의 맛이 달다'라는 뜻에서 유래한 이름

## | 잎

50%

어긋나기.
넓은 달걀형이며,
가장자리에
작은 가시같은
잔톱니가 있다.

## | 겨울눈

겨울눈은
잎자국 윗부분의 부풀어
오른 부분(葉枕) 속에 숨어
보이지 않는다(묻힌눈).

## | 꽃

양성화

수꽃

수꽃양성화딴그루. 줄기 윗부
분의 잎겨드랑이에서 흰색의
꽃이 1~7개씩 모여 핀다.
5~6월

## | 수피

회갈색이며, 노목에서
는 불규칙하게 종잇장
처럼 벗겨진다.

## | 열매

장과. 긴 타원형이고 황록
색으로 익으며, 단맛이 난
다. 9~10월

단풍이 아름다워서, 중국 이름은 '땅을 덮는 비단'이란 뜻의 지금(地錦)

# 담쟁이덩굴 *Parthenocissus tricuspidata*
[포도과 담쟁이덩굴속]

• 낙엽덩굴나무 • 길이 10~15m • 분포 전국의 산지
• 유래 담을 기어오르는 덩굴식물이기 때문에 붙인 이름

낙엽교목
상록교목
낙엽소교목
상록소교목
낙엽관목
상록관목
낙엽덩굴
상록덩굴

## | 잎

어긋나기.
갈래잎이며, 잎몸의 윗부분이
보통 3갈래로 갈라진다.
가을의 붉은색 단풍이
아름답다.

30%

## | 꽃

수술기 · 암술기

양성화. 꽃은 수술기에 꽃잎과 수술이 있으나, 수분이 이루어
지면 꽃잎과 수술이 떨어지고 암술기가 된다. 짧은가지 끝에
서 나온 취산꽃차례에 연녹색 꽃이 모여 핀다. 6~7월

## | 열매

장과. 구형이며, 흑자색으로 익는
다. 표면에 흰색 분이 생긴다.
9~10월

## | 겨울눈

겨울눈은
아래가 넓고
위가 뭉툭한
원뿔 모양이다.
눈비늘조각은
3~5장이다.

## | 수피

회갈색을 띠며, 세로
로 갈라진다. 다른 물
체와 닿는 부위에서
공기뿌리(氣根)가 발
달한다.

시원한 등나무 그늘을 만들어 주며, 꽃말은 '환영'

# 등

*Wisteria floribunda* [콩과 등속]

- 낙엽덩굴나무 • 길이 10m • 분포 경남, 경북의 숲 가장자리 또는 계곡에 자생
- 유래 중국 이름 등(藤)을 그대로 빌려서 쓴 것

## | 잎

어긋나기.
작은잎이 5~9쌍인
홀수깃꼴겹잎이다.
잎자루 밑부분에
엽침이 있다.

25%

## | 꽃

양성화. 가지 끝 또는 잎겨드랑이
에 나비 모양의 연한 자주색 꽃
이 모여 핀다. 4~5월

## | 열매

협과.
콩꼬투리 모양의
열매가 달린다.
표면에 비로드
같은 부드러운
털이 밀생한다.
10~11월

## | 겨울눈

물방울형이고 2~3장의
눈비늘조각에 싸여있다.
겨울눈의 밑부분이 부풀어 있다.

## | 수피

회갈색이며, 표면이
거칠다. 감고 올라가
는 방향은 오른감기
(右卷)가 많다.

산포도의 총칭으로 머루속과 개머루속으로 구분

# 머루

*Vitis coignetiae* [포도과 포도속]

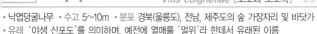

• 낙엽덩굴나무 • 수고 5~10m • 분포 경북(울릉도), 전남, 제주도의 숲 가장자리 및 바닷가
• 유래 '야생 산포도'를 의미하며, 예전에 열매를 '멀위'라 한데서 유래된 이름

낙엽교목

상록교목

낙엽소교목

상록소교목

낙엽관목

상록관목

낙엽덩굴

상록덩굴

## 잎

어긋나기.
원형 또는 하트형이고,
3갈래 혹은 5갈래로 갈라진다.

30%

## 꽃

암꽃차례

수꽃차례

수꽃양성화딴그루. 연한 황록색 꽃은 잎과 마주나며, 원추
꽃차례로 모여 달린다. 6~7월

## 열매

장과. 구형이며, 흑색으로
익는다. 9~10월

## 겨울눈

달걀형이며,
끝이 조금 둥글다.
2장의
눈비늘조각에
싸여있다.

## 수피

진한 갈색 또는 검은
갈색이며, 오래되면
세로로 얕게 찢겨져
길게 벗겨진다.

여름에는 시원한, 겨울에는 따뜻한 전통 차로 만들어 마신다

# 오미자

*Schisandra chinensis*
〔오미자과 오미자속〕

• 낙엽덩굴나무 • 길이 10m • 분포 전국의 낮은 산지 숲속 • 유래 익은 열매에 신맛 · 단맛 · 쓴맛 · 짠맛 · 매운맛의 다섯 가지 맛이 섞여 있다고 하여 붙인 이름

## | 잎

어긋나기.
타원형이며, 잎끝이 뾰족하다.
가장자리에 물결 모양의
톱니가 있다.

60%

## | 꽃

암꽃

수꽃

암수딴그루
(간혹 암수한그루).
새가지 아래의
잎겨드랑이에
연한 홍백색의
꽃이 핀다.
5~6월

## | 열매

장과.
구형이며,
붉은색으로 익는다.
여러 개가 모여
송이 모양으로
달려 밑으로 처진다.
9~10월

## | 수피

적갈색이고 광택이 나며, 껍질눈이 발달한다. 오래되면 종잇장처럼 얇게 벗겨진다.

## | 겨울눈

긴 달걀형이며,
황갈색을 띤다.
4~6장의 눈비늘조각에
싸여있다.

머루, 다래와 함께 산에서 얻을 수 있는 3대 과일 중 하나

# 으름덩굴

*Akebia quinata*
[으름덩굴과 으름덩굴속]

• 낙엽덩굴나무 •길이 5~6m •분포 황해도 이남의 산지
• 유래 덩굴성 식물이고, 흰 과육이 얼음처럼 보이기 때문에 붙인 이름

낙엽교목
상록교목
낙엽소교목
상록소교목
낙엽관목
상록관목
낙엽덩굴
상록덩굴

## | 잎

5~7장의 작은잎을 가진
손꼴겹잎이다.
종소명 퀴나타(*quinata*)는
잎이 5장인 것을 나타낸다.

30%

## | 꽃

암꽃(좌)과 수꽃(우)

암수한그루. 짧은가지의 잎겨드랑이에서 연한 자
주색 꽃을 아래로 드리워 피운다. 4~5월

## | 열매

골돌과. 긴 달걀형이며, 익으면
세로로 갈라진다. 과육은 단맛
이 난다. 8~10월

## | 겨울눈

갈색의 달걀형이며,
12~16장의 눈비늘조
각에 싸여있다. 가로
덧눈이 붙는다.

## | 수피

갈색이고 껍질눈이
있으며, 성장함에 따
라 세로로 갈라진다.
오른감기(右券)

297

일부 지역에서는 청가시나무라고도 부른다

# 청가시덩굴

*Smilax sieboldii*
【청미래덩굴과 청미래덩굴속】

• 낙엽덩굴나무 • 길이 2~5m • 분포 함경북도를 제외한 전국의 산야
• 유래 청미래덩굴속 덩굴나무인데, 줄기와 가시가 모두 녹색이기 때문에 붙인 이름

## | 잎

어긋나기.
달걀꼴 타원형이고
가장자리는 밋밋하며,
물결 모양의 굴곡이 있다.
잎자루 중앙부에
턱잎이 변한
1쌍의 덩굴손이 있다.

 50%

## | 꽃

암꽃

수꽃

암수딴그루. 새가지의 잎겨드
랑이에 황록색 꽃이 모여 핀
다. 5~6월

## | 열매

장과. 구형이며, 푸른빛 검
정색으로 익는다. 9~10월

## | 겨울눈

세모꼴 원뿔형이며, 끝이 뾰
족하다. 눈비늘조각은 1개이
며 아랫부분을 감싸고 있다.

## | 수피

녹색이며, 능선과 곧
은 가시가 있다.

망개나무라고도 하며, 이 잎에 떡을 싸서 망개떡이라 한다

# 청미래덩굴

*Smilax china*
〔청미래덩굴과 청미래덩굴속〕

• 낙엽덩굴나무 • 길이 2~5m • 분포 황해도 해안가, 강원도 이남의 산야에서 흔하게 자람
• 유래 청머루와 비슷한 열매가 열리는 덩굴식물이라는 뜻에서 붙인 이름

낙엽교목
상록교목
낙엽소교목
상록소교목
낙엽관목
상록관목
낙엽덩굴
상록덩굴

## 잎

40%

어긋나기.
하트형 또는 원형이며,
가장자리는 밋밋하다.
잎겨드랑이에
턱잎이 변한 2개의
덩굴손이 있다.

## 꽃

암꽃

수꽃

암수딴그루. 새가지의 잎겨드
랑이에 10~25개의 황록색 꽃
이 모여 핀다. 4~5월

## 열매

장과. 구형이며, 붉은색
으로 익는다. 약간 단맛
이 난다. 10~11월

## 겨울눈

긴 삼각형이고 갈색을 띤다.
반투명한 1장의 눈비늘조각에 싸여있다.

## 수피

초록색 또는 초록빛
갈색을 띠며, 갈고리
같은 가시가 있다.

뿌리를 갈근이라 하고, 갈증을 멎게 하며 술독을 풀 때도 사용한다

# 칡

*Pueraria lobata* 〔콩과 칡속〕

- 낙엽덩굴나무 • 길이 10m • 분포 전국의 산야
- 유래 중국 이름 갈(葛)을 '츩'으로 잘못 읽고 쓴 데서 유래된 이름

## | 잎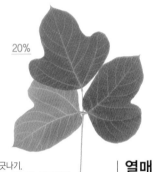

20%

어긋나기.
마름모형 또는 달걀형의
작은잎이 3장 모여
달리는 세겹잎.

## | 꽃

양성화.
홍자색 꽃이
총상꽃차례로
모여 달린다.
7~8월

## | 열매

협과.
납작하면서
넓은 선형이며,
길고 곧은
갈색의
털이 있다.
9~10월

## | 수피

갈색 또는 흑갈색이고 껍질눈이 발달한다. 오래되면 세로로 갈라진다.

## | 겨울눈

물방울형~긴 달걀형
이며, 털이 있고 가로
덧눈이 달리기도 한
다. 2~3장의 눈비늘
조각에 싸여있다.

세계에서 생산량이 가장 많은 과일로, 전체 생산량의 30%를 차지한다

# 포도

*Vitis vinifera* 【포도과 포도속】

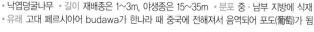

낙엽교목
상록교목
낙엽소교목
상록소교목
낙엽관목
상록관목
낙엽덩굴
상록덩굴

• 낙엽덩굴나무 • 길이 재배종은 1~3m, 야생종은 15~35m • 분포 중·남부 지방에 식재
• 유래 고대 페르시아어 budawa가 한나라 때 중국에 전해져서 음역되어 포도(葡萄)가 됨

## 잎

거꿋나기.
보통 3~5갈래로
갈라진 갈래잎이며,
뒷면에 흰색 솜털이 많다.

40%

## 꽃

암꽃

수꽃

야생종은 암수딴그루이지만, 재배종은 양성화이므로 자가수분
이 가능하다. 원추꽃차례에서 황록색 꽃이 핀다. 5~6월

## 열매

장과.
구형이며,
흑자색으로 익는다.
단맛이 난다.
8~9월

## 겨울눈

달걀형이며, 2장의 눈비늘조각에 싸여있다.
눈비늘이 갈라지면 갈색 털이 나온다.

## 수피

적갈색이고, 세로로
갈라져 긴 리본 모양
으로 벗겨진다.

# Chapter
# 08

## 상록덩굴나무

줄기로 서지 못하고 다른
식물이나 물체에 걸치거나
감겨서 생활하며, 겨울에
잎이 지지 않는 나무

남해안 섬지방에서 자라며, 열매가 오미자와 비슷하다

# 남오미자
*Kadsura japonica* [오미자과 남오미자속]

- 상록덩굴나무 • 길이 3m • 분포 남해안 도서 및 제주도의 숲이나 길가
- 유래 열매가 오미자와 비슷하며, 제주도 등 따뜻한 남쪽 지방에 자라기 때문에 붙인 이름

## | 잎

어긋나기.
긴 타원형 또는 넓은 달걀형이며,
가장자리에 치아 모양의 잔톱니가
드문드문 나있다.

70%

## | 꽃

암꽃 수꽃

암수딴그루(간혹 암수한그루). 연노랑색의 꽃이 잎겨드
랑이 사이에 1개씩 달린다. 7~9월

## | 열매

장과. 구형이며 붉은색으로
익는다. 종자는 신장형.
11~12월

## | 겨울눈

긴 달걀형 또는 원뿔
형이며, 세로덧눈이 달
린다.

## | 수피

갈색이고 코르크질이
발달한다. 오래되면 세
로로 갈라져 벗겨진다.

낙엽교목
상록교목
낙엽소교목
상록소교목
낙엽관목
상록관목
낙엽덩굴
상록덩굴

바람개비 모양의 흰색 꽃을 피우며, 향기가 강하다

# 마삭줄

*Trachelospermum asiaticum*
[협죽도과 마삭줄속]

• 상록덩굴나무 • 길이 5~10m • 분포 경북, 전북 이남 및 제주도의 산지
• 유래 질긴 줄기를 마삭(麻索)처럼 끈이나 밧줄로 사용한 데서 유래된 이름

## | 잎

35%

마주나기.
타원형 또는 달걀형이며,
톱니가 없다.
상록성이지만
겨울에는 붉은색으로
단풍 들기도 한다.

## | 꽃

양성화.
새가지 끝이나
잎겨드랑이에
바람개비 모양의
흰색 꽃이 피며,
진한 향기가 난다.
5~6월

## | 열매

골돌과.
선형이며,
적갈색으로 익는다.
종자 끝에
흰색의 관모가 붙어있다.
10~11월

## | 겨울눈

눈비늘이 없는
맨눈이며,
둥근꼴 타원형이다.
갈색의 솜털로
덮여있다.

## | 수피

유목일 때는 자갈색
이고, 털이 밀생한다.
줄기에서 공기뿌리를
내어 나무 및 바위를
타고 자란다.

305

열매가 으름덩굴 열매와 비슷하지만, 익어도 벌어지지 않는다

# 멀꿀

*Stauntonia hexaphylla* [으름덩굴과 멀꿀속]

- 상록덩굴나무 • 길이 15m • 분포 전남, 경남 도서 지역 및 제주도
- 유래 익은 열매의 표면이 멍든 것처럼 불그뎅뎅하고, 과육은 꿀같이 달기 때문에 붙인 이름

## | 잎

어긋나기.
5~7장의 작은잎을
가진 손꼴겹잎이다.
종소명 헥사필라
(*hexaphylla*)는
'6장의 잎'이라는
의미이다.

20%

## | 꽃

암꽃

수꽃

암수한그루. 새가지의 잎겨드
랑이에 연한 녹백색의 꽃이
모여 핀다. 5~6월

## | 열매

장과. 적갈색의 타원형 또는 달걀형
이며, 과육은 꿀처럼 단맛이 난다.
10~11월

## | 겨울눈

원추형 또는 긴 타원형.
10~16개의 눈비늘조각이 돌려나며,
바깥쪽은 겹쳐있다.

## | 수피

1년생 줄기는 초록색
이고 성장함에 따라
회갈색이 된다.

잎 양면이 은백색 비늘털로 덮여있으며, 앞면의 것은 일찍 떨어진다

# 보리밥나무
*Elaeagnus macrophylla*
[보리수나무과 보리수나무속]

낙엽교목
상록교목
낙엽소교목
상록소교목
낙엽관목
상록관목
낙엽덩굴
상록덩굴

• 상록덩굴나무 • 길이 2~3m • 분포 울릉도 및 황해도 이남의 바닷가 산지
• 유래 3~4월에 익기 때문에, '보리보다 먼저 열매가 익는 밥나무' 라는 뜻에서 붙인 이름

## | 잎

어긋나기.
넓은 달걀형이며, 가장자리에
물결 모양의 주름이 있다.
뒷면에 은백색 털이
많다.

65%

## | 꽃

양성화.
잎겨드랑이에
백색 또는
황백색의 꽃이
1~3개씩 달린다.
10~11월

## | 겨울눈

긴 타원형이며,
눈비늘이 없는 맨눈이다.
갈색 또는 연한 갈색의
잔털이 촘촘하게 나있다.

## | 열매

위과. 긴 타원형이며, 적색으로
익는다. 표면에는 은백색 인모가
밀생한다. 다음해 3~4월

## | 수피

암회색 또는 회갈색
이며, 둥근 껍질눈이
흩어져있다. 오래되
면 세로로 갈라진다.

'덩굴보리수나무'라고도 하며, 남해안의 섬지방에서 자란다

# 보리장나무

*Elaeagnus glabra*
[보리수나무과 보리수나무속]

•상록덩굴나무 •길이 2~3m •분포 남부지방 다도해 섬지방과 제주도 •유래 보리밥나무와 비슷하나 창자(腸)처럼 줄기가 구불구불 길게 뻗으면서 자라기 때문에 붙인 이름

## | 잎

어긋나기.
긴 타원형이며,
표면에 광택이 난다.
뒷면에는
적갈색의 비늘털이
밀생한다.

90%

## | 꽃

양성화. 잎겨드랑이에 흰색 또는 황백색
꽃이 2~8개씩 모여 달린다. 10~12월

## | 겨울눈

눈비늘이 없는 맨눈이며,
갈색 또는 연한 갈색의 잔털이
촘촘하게 나있다.

## | 열매

위과. 긴타원형이며, 붉은색으로
익는다. 다음해 4~5월

## | 수피

유목에는 둥근 피목이
있고, 성목이 되면 세
로로 얕게 갈라진다.

308

상록의 잎은 지피식물의 소재로 유용하게 쓰인다

# 송악

*Hedera rhombea* [두릅나무과 송악속]

낙엽교목
상록교목
낙엽소교목
상록소교목
낙엽관목
상록관목
낙엽덩굴
상록덩굴

• 상록덩굴나무 • 길이 10m • 분포 전라도, 경상도(울릉도) 및 제주도의 산지
• 유래 소가 잘 먹는 나무라서 '소밥'이라 부르던 것이 송악으로 변함

## | 잎

어긋나기.
3~5갈래로 갈라지는
갈래잎이다.
종명 롬베아(*rhombea*)는
마름모꼴이라는 뜻으로
잎의 모양을 나타낸다.

25%

## | 꽃

수술기

수술기에서 암술기로 변하는 단계

양성화. 황록색의 양성화는 수
술기에서 암술기로 변해간다.
개화 말기에 수꽃차례의 수꽃
이 핀다.
10~12월

암술기

## | 겨울눈

물방울형 또는
긴 타원형이며,
홍자색을 띤다.

## | 열매

핵과.
구형이며,
흑자색으로
익는다.
다소 역한 맛이
난다.
다음해 4~5월

## | 수피

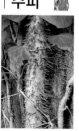

노목은 회갈색이며,
공기뿌리(氣根)가 다른
물체를 타고 오른다.

309

흰색 꽃이 점차 노란색으로 변하기 때문에 금은화라고도 부른다

# 인동

*Lonicera japonica* [인동과 인동속]

- 상록덩굴나무 • 길이 3~4m • 분포 전국의 낮은 산지 숲 가장자리
- 유래 덩굴성이며, 추운 겨울을 잘 견디고(忍冬) 봄에 다시 새순을 내기 때문에 붙인 이름

## | 잎

마주나기.
긴 달걀형이며, 가장자리는 밋밋하다.
따뜻한 곳에서는
잎을 단 채로 겨울을 나는
반상록성이다.

60%

## | 꽃

양성화. 가지 끝의 잎겨드랑이에 흰색
꽃이 2개씩 모여 핀다. 점차 노란색으
로 변하며, 향기가 좋다. 5~6월

## | 겨울눈

어두운
적갈색이고
긴 타원형이며,
눈비늘조각에
싸여있다.

## | 열매

장과. 구형이며, 검은색으로 익
는다. 쓴맛이 강하지만 약간 단
맛도 난다. 10~11월

## | 수피

회갈색이고 얇게 벗겨
지며, 다른 물체를 감
고 올라간다. 오른감
기(右券)

줄기에서 공기뿌리를 내려 다른 나무나 바위에 붙어 자란다

# 줄사철나무

*Euonymus fortunei*
[노박덩굴과 화살나무속]

낙엽교목
상록교목
낙엽소교목
상록소교목
낙엽관목
상록관목
낙엽덩굴
상록덩굴

• 상록덩굴나무 • 길이 10m • 분포 중부 이남의 숲 가장자리 및 바위지대 • 유래 덩굴처럼
자라기 때문에 '줄'이라는 접두어가 붙고, 사철나무와 비슷하기 때문에 붙여진 이름

## | 잎

마주나기.
달걀형이며,
가장자리에는
둔한 톱니가 있다.
가죽질이며,
앞면에는
광택이 있다.

70%

## | 꽃

양성화. 잎겨드랑이에 황록색 또는 황백
색 꽃이 7~15개씩 모여 핀다. 6~7월

## | 열매

삭과.
구형이며, 연홍색으로
익는다.
4갈래로 갈라지면
속에서 적황색
헛씨껍질에
싸인 종자가 나온다.
10~12월

## | 수피

갈색 또는 초록빛 갈색이며, 줄기에서
공기뿌리(氣根)가 나와 다른 나무나
바위에 붙어 자란다.

## | 겨울눈

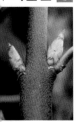

달걀형이며, 약 10개
의 눈비늘조각에 싸
여있다. 곁눈은 마주
난다.

■ 총수꽃차례

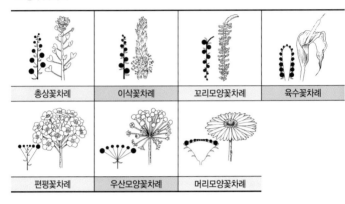

| 총상꽃차례 | 이삭꽃차례 | 꼬리모양꽃차례 | 육수꽃차례 |
| 편평꽃차례 | 우산모양꽃차례 | 머리모양꽃차례 | |

■ 집산꽃차례

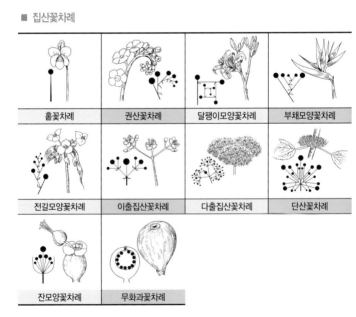

| 홑꽃차례 | 권산꽃차례 | 달팽이모양꽃차례 | 부채모양꽃차례 |
| 전길모양꽃차례 | 이출집산꽃차례 | 다출집산꽃차례 | 단산꽃차례 |
| 잔모양꽃차례 | 무화과꽃차례 | | |

■ 꽃의 구조

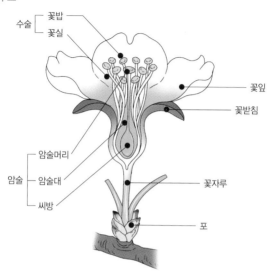

수술 — 꽃밥
수술 — 꽃실

암술 — 암술머리
암술 — 암술대
암술 — 씨방

꽃잎

꽃받침

꽃자루

포

■ 양성화와 장식화

양성화

장식화

■ 장주화와 단주화

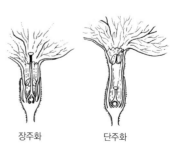

장주화          단주화

■ 열매의 종류

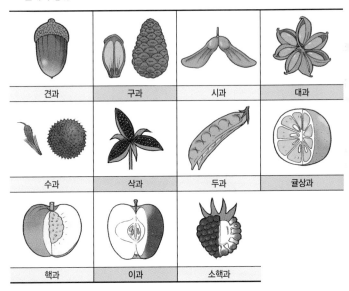

| | | | |
|---|---|---|---|
| 견과 | 구과 | 시과 | 대과 |
| 수과 | 삭과 | 두과 | 귤상과 |
| 핵과 | 이과 | 소핵과 | |

■ 꽃과 열매의 관계도

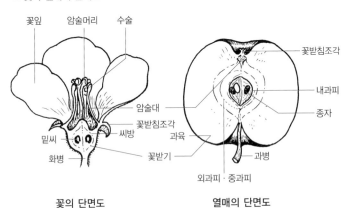

꽃의 단면도

열매의 단면도

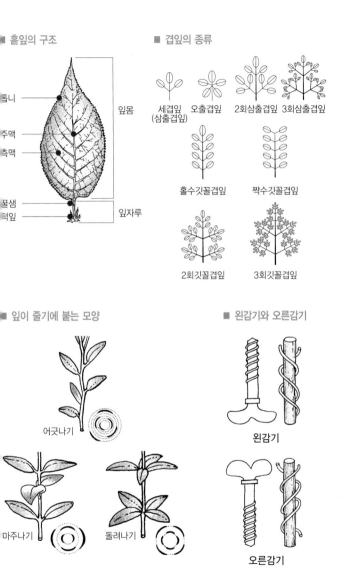

■ 홑잎의 구조

톱니
주맥
측맥
꿀샘
턱잎

잎몸
잎자루

■ 겹잎의 종류

세겹잎
(삼출겹잎)
오출겹잎
2회삼출겹잎
3회삼출겹잎

홀수깃꼴겹잎
짝수깃꼴겹잎

2회깃꼴겹잎
3회깃꼴겹잎

■ 잎이 줄기에 붙는 모양

어긋나기

마주나기
돌려나기

■ 왼감기와 오른감기

왼감기

오른감기

■ 가지의 명칭

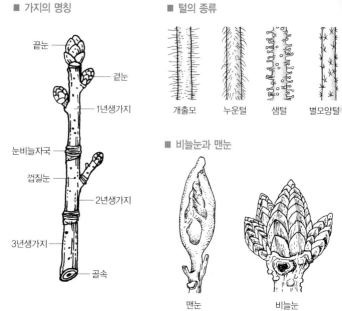

끝눈

곁눈

1년생가지

눈비늘자국

껍질눈

2년생가지

3년생가지

골속

■ 털의 종류

개출모　누운털　샘털　별모양털

■ 비늘눈과 맨눈

맨눈　비늘눈

■ 식물의 계통분류

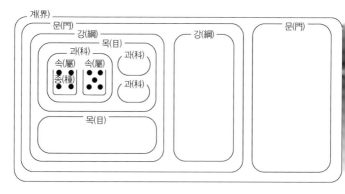

계(界)

문(門)

강(綱)

목(目)

과(科)

속(屬)　속(屬)

종(種)

과(科)

과(科)

목(目)

강(綱)

문(門)

# 나 | 무 | 이 | 름   찾 | 아 | 보 | 기

## 4단계 분류법에 따라 나뭇잎을 구별한다
# 나뭇잎 도감 개정판

### 나뭇잎 4단계 분류법
### 나뭇잎으로 나무이름 알기

- 저자 : 이광만 · 소경자 지음
- 쪽수 : 296쪽
- 정가 : 30,000원
- 크기 : 112×182mm

## 4단계 분류법에 따라 겨울눈을 구별한다
# 겨울눈 도감 개정판

### 국내 유일의 겨울눈 도감
### 겨울눈 4단계 분류법

- 저자 : 이광만 · 소경자 지음
- 쪽수 : 224쪽
- 정가 : 28,000원
- 크기 : 112×182mm

269종 수목의 다양한 꽃 수록

# 나무에 피는 꽃도감

## 269종의 다양한 꽃을 쉽게 이해할 수 있게 구성

- 저자 : 이광만 지음
- 쪽수 : 304쪽
- 정가 : 30,000원
- 크기 : 112×182mm

28개의 카테고리로 알아 보는

# 한국의 조경수 1, 2

## 전원주택 정원 조성의 길라잡이

- 저자 : 이광만 · 소경자 지음
- 쪽수 : 392쪽
- 정가 : 30,000원
- 크기 : 190×240mm